Python 与有限元

——基于 Python 编程的有限元分析及应用扩展

裴尧尧　肖衡林　马强　李丽华　著

中国水利水电出版社

www.waterpub.com.cn

·北京·

内 容 提 要

有限元是当今工程分析中应用最广泛的数值计算方法。《Python 与有限元》以结构分析为主题，介绍了基于 Python 编程的有限元分析开源框架（被作者命名为 Feon）的搭建过程和扩展方法。全书分为 5 章，主要内容包括 Python、Numpy（Python 著名的矩阵运算库）和 Matplotlib（Python 著名的二维绘图库）简介，Feon 框架介绍及结构分析包 Feon. sa（structural analysis）的搭建过程，Feon 中自带单元的定义和应用，如何自定义单元、求解函数（以计算结构动力学固有频率和振型为例）、包（以渗流分析为例，定义包 ffa（fluid flow analysis）），以及 Python 进行有限元编程方面的建议。书中所有的程序均在 Python2.7 上测试通过，并用二维码引入 Python 视频讲解。

《Python 与有限元》可作为大学理工科本科生、研究生学习有限元分析的参考书或有限元方法编程的教材，也可作为科研工作者和工程技术人员的工具书。

图书在版编目（ＣＩＰ）数据

Python与有限元 / 裴尧尧等著. —北京：中国水
利水电出版社，2017.12（2023.9 重印）
ISBN 978-7-5170-5370-5

Ⅰ. ①P… Ⅱ. ①裴… Ⅲ. ①有限元分析-应用软件
Ⅳ. ① O241.82-39

中国版本图书馆CIP数据核字(2017)第080587号

书 名	Python 与有限元　Python YU YOUXIANYUAN
作 者	裴尧尧　肖衡林　马　强　李丽华　著
出版发行	中国水利水电出版社 （北京市海淀区玉渊潭南路 1 号 D 座　100038） 网址：www. waterpub. com. cn E-mail：zhiboshangshu@163.com 电话：（010）62572966-2205/2266/2201（营销中心）
经 售	北京科水图书销售有限公司 电话：（010）68545874、63202643 全国各地新华书店和相关出版物销售网点
排 版	北京智博尚书文化传媒有限公司
印 刷	三河市龙大印装有限公司
规 格	185mm×260mm　16 开本　17 印张　323 千字
版 次	2017 年 12 月第 1 版　2023 年 9 月第 4 次印刷
印 数	6001－7000 册
定 价	56.90 元

凡购买我社图书，如有缺页、倒页、脱页的，本社营销中心负责调换

　　有限元法广泛应用于化工、机械制造、能源、汽车交通、国防军工、电子、土木工程、制船、生物医学、轻工、地矿、水利、航空航天等领域。关于有限元学习的书籍和资料很多，但主要集中在有限元理论介绍和商业软件应用上，而针对有限元编程的相对较少。Python 的高效、易用、免费、开源、面向对象，以及强大第三方库的支持在搭建有限元系统解决方案上具有先天的优势。

　　Python 语言的高效、易用早已名声在外，如本书中实现混合单元系统（不同类型单元组成的有限元分析系统）的刚度矩阵组装仅用了 7 行 Python 程序，相当于 Peter I. Kattan 编著的《MATLAB Guide to Finite Elements》（斯普林格出版社）一书中 20 页以上的工作量（该书中不同单元类型采用不同的组装和求解函数，仅三维梁单元的刚度矩阵组装就用去了接近 3 页，六面体单元用去了接近 13 页）。

　　利用"类"的继承性，读者可以按照笔者已经搭建好的单元框架，根据自身的需要快速定义属于自己的单元（第 4 章举例），且并不一定需要太多 Python 基础。还可以通过设置单元微分算子矩阵和本构矩阵推导单元矩阵（第 5 章）。

　　Python 有着大量第三方库的支持。在建模和网格划分方面，读者除了编写自己的网格划分程序外，还可以下载并使用第三方网格划分库，比如 Meshpy（高质量的三角和四面体剖分程序）；在矩阵运算和线性方程组求解方面，可使用 Numpy 库；对于大型稀疏矩阵操作，可使用 Scipy. sparse 包或 Pysparse 库来提高运算速度；在后处理方面，Matplotlib 库可提供高质量的二维绘图功能，而三维绘图则可以使用 Mayavi 库。

　　此外，如果读者熟悉 Python 和有限元，可以根据笔者搭建好的框架，编写自己的求解函数或方案，如结构动力学求解函数（第 4 章举例）；如果读者从事非结构分析方向的其他领域，如渗流场（第 4 章举例）、温度场分析，也可以参考 Feon. sa 的搭建过程定义属于自己的包。

　　介绍有限元理论的书籍很多，本书跳过了这部分的内容。中文书籍可参考王勖成老师编著的《有限元单元法》，英文书籍可以参考 O. C. Zienkiewicz 教授的著作《The FINITE ELE-MENT METHOD》。本书分为五章，第 1 章简要介绍 Python、Numpy 及 Matplotlib。在此基础上，第 2 章介绍 Feon 框架的搭建过程，包括包 Feon. sa 实现的关键程序，涵盖有限元分析的一般过程；第 3 章介绍 Feon. sa 中自带单元类型的定义过程及其实例应用；第 4 章介绍如何快速地自定义单元、求解函数和包；第 5 章为读者在单元矩阵推导，前、后处理，以及提速方面提供一些参考建议。

本书的读者对象为所有学习、应用及研究有限元的在校大学生、研究生、科技工作者及工程技术人员，本书的编写目的为降低有限元的入门门槛，让更多的人来学习有限元及有限元编程。

为了验证程序计算的准确性，书中部分例题选自于 Peter I. Kattan 编著的《MATLAB Guide to Finite Elements》（斯普林格出版社）一书，对该书作者的工作表示感谢。

囿于作者的水平有限，书中肯定存在有待商榷或疏漏甚至谬误之处，尤其是程序可能存在 bug，还望读者不吝赐教，随时指出。作者的邮箱为 yaoyao.bae@ foxmail.com，QQ 群号为 555809224。

本书在出版过程中得到了国家自然科学基金资助项目（51578219，51678223）、湖北省科技厅重点项目（2012FFA035）、湖北工业大学博士启动基金项目（BSQD14042）的资助。

最后需要申明的是，Feon 是笔者在湖北工业大学资助下开发的一个免费、开源的有限元分析 Python 框架，如果你的工作是基于 Feon 而展开，请务必引用说明。

为便于阅读和学习，作者精心挑选了部分内容录制成视频，并以二维码形式印制于书中，读者通过扫码即可观看视频。希望读者的学习过程更生动、更直观。

作　者
2017 年 10 月

目录
CONTENT

第 1 章

编程基础——Python、Numpy、Matplotlib 简介

1.1　Python 简介

1.1.1　什么是 Python

　　Python 是一种解释型、面向对象、动态的高级语言，目前也是最受欢迎的程序设计语言之一。Python 被 TIOBE 编程语言排行榜评为 2007 与 2010 年度语言，近年来长期占据计算机语言排行榜前五名，如图 1.1 所示。Python 语言高效、易用、可扩展性强，且免费、开源，有大量扩展库可用，仅 https：//pypi.python. org/pypi 上的第三方免费开源库就达到了 9 万个以上。在科学计算方面，Numpy、Scipy、Matplotlib 更是为 Python 快速矩阵运算、数值运算以及图像处理奠定了基础。关于 Python 对比 Matlab 的优势，张若愚在《Python 科学计算》一书的前言部分已总结，这里不再赘述。而关于 Python 在有限元编程方面相较 Matlab 的优势，读者可对比本书与 Peter I.Kattan 编著的《MATLAB Guide to Finite Elements》，答案将显而易见。

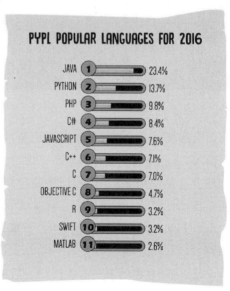

图 1.1　编程语言 TIOBE 和 PYPL 排行榜

1.1.2　Python 及其库安装

以下安装针对 Windows 操作系统。

Python 安装　从 Python 官方网站 https://www.python.org 找到相应操作系
统下的 Python 安装文件进行安装，或者直接安装本书资源包中的 python-
2.7.10.msi 文件。需要注意的是，Python 有 2.x 和 3.x 两个版本，本书所有的
程序均在 Python-2.7 上测试。双击安装文件包即能安装。

库安装　库的安装一般有两种实现方法。

第一种方法是下载安装，读者下载后的程序一般为 Name.exe 或者
Name.tar.gz 文件，前者直接双击进行安装，不介绍。后者的安装过程以
Feon 库安装为例进行介绍。假设读者下载了 feon.tar.gz 文件并将其解压到
了 c:\work\feon 文件夹。在 windows 命令栏输入 cmd 即可打开库安装如图
1.2 所示的窗口（以笔者个人电脑为例）。

图 1.2　打开控制台

然后切换到解压后的文件夹路径，切换目录如图 1.3 所示。

之后输入 setup.py install 并按回车键即可完成安装，如图 1.4 所示。

第二种方法是使用 Pip。首先切换路径到 c:\Python27\Scripts，然后输入 pip install + 库
名，如图 1.5 所示，xxx 表示库名，比如安装前处理网格划分库 Meshpy，则用 meshpy 代替
xxx，Pip 安装 Python 库不需要读者事先下载该库，但前提是所用电脑上已经安装了 Pip 库
并且已联网。

Numpy 是 Feon 必需的第三方扩展库，后处理需要 Matplotlib 库，提速可以使用 Scipy 库，
单元矩阵推导需要 Mpmath 库。Feon 库可按照上述安装方法直接安装本书资料包中的 feon-
1.0.0.exe 或 feon-1.0.0.tar.gz 文件。

图 1.3　切换路径

图 1.4　安装库

需要注意的是，本书中介绍到的部分库的安装需要用到 C/C++ 编译器。如果读者的电脑缺少相应的文件，也可以使用资源包中的 *.whl 文件。比如读者可能在 Meshpy 库的安装中遇到困难，则可以使用作者提供的 MeshPy-2016.1.2-cp27-cp27m-win32.whl 文件。*.whl 文件的安装采用 Pip install + 文件路径\文件名 .whl。比如作者的 MeshPy-2016.1.2-cp27-cp27m-win32.whl 位于 c：\work\mybook，则输入如图 1.6 所示的内容完成安装。

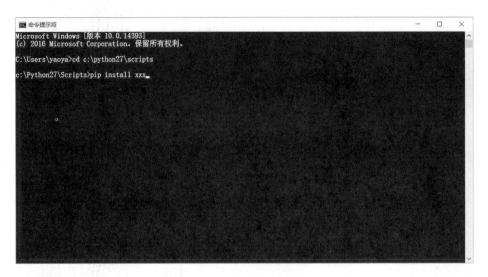

图 1.5　Pip 安装库

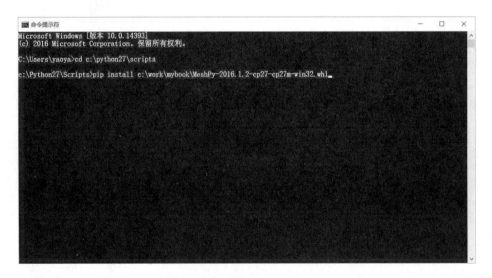

图 1.6　Pip 安装 *.whl 文件

1.1.3　Python 入门知识

运行 Python　计算机语言所需的运行环境也叫 IDE（Integrated Development Environment），Python 的 IDE 很多，但对于非计算机专业的读者，Python 自带的 IDLE（Python GUI）基本上已经足够。本书所有程序均在 IDLE 上编写并进行测试。

Python 的运行有两种方式。一种是交互式方式，安装好 Python 后，打开 IDLE，在 >>> 后输入 Python 语句，解释器就会执行，并输出结果，如图 1.7 所示。

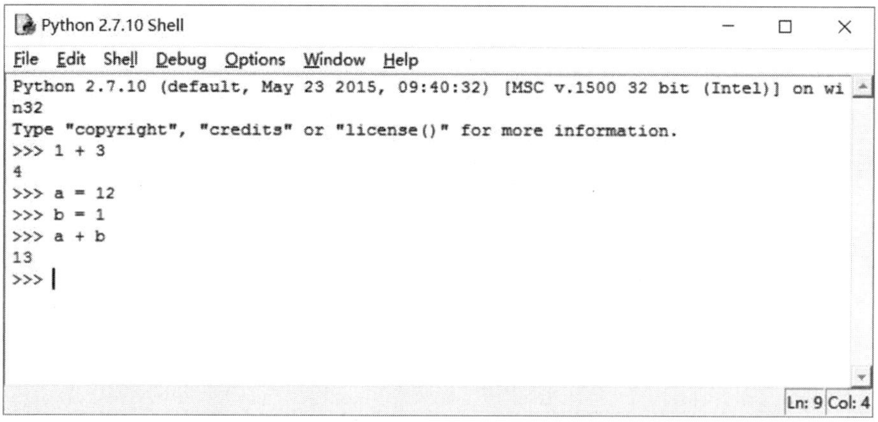

图 1.7　IDLE（Python GUI）

另一种方式就是脚本，将 Python 语句集合在一起执行，这样可以发挥更大的作用。程序输入完成后，直接按 F5 键即可运行。新建一个 Python 文件只需在 IDLE 中单击 File -> New File，语句输入完成后保存文件即可，在 IDLE 中保存文件时需输入后缀名 .py。

缩进来区分语句块　不像 Java、C/C++ 以花括号 {} 来区分语句块。Python 是以缩进来表示语句块，同一缩进级别为同一级别的语句块。一个脚本文件中的 0 级缩进是文件加载的时候就会被执行的语句。开启一个新的缩进需要使用：（冒号），代表下一级别的语句块，比如条件、循环或者函数定义。

```
>>> a = 2
>>> b = 1
>>> if a > b:#条件
        print a
2
>>> a = [1,2,4]
>>> for v in a:#循环
        print v
1
2
4
>>> def add(x,y):#函数定义
        return x + y
>>> add(1,3)
4
```

操作符　操作符与 Java 和 C/C++ 中十分类似，+（加）、-（减）、*（乘）、/（除）、%（求余）、**（指数运算）、=（赋值），以及简便运算，如 +=、-=、*=、和/= 等。赋值运算与其他语言一致。逻辑操作 >、<、

<= 、 >= 、! = 、 == 与其他语言一样，不一样的有 not 逻辑非、and 逻辑与和 or 逻辑或。

```
>>> 2 * 3 + 5 ** 2 - 4/3.
29.666666666666668
>>> 3 == 2
False
>>> 2 >= 3
False
>>> 3 >= 2
True
>>> a,b,c = 1,2,"a"
>>> a
1
>>> b
2
>>> c
'a'
>>> type(a) is int
True
>>> type(c) is not int
True
>>> if a <= b and type(c) is not int:
        print True
True
```

数据类型　Python 常用的数据类型包括数字 numbers、字符串 string、列表 list、元组 tuple 以及字典 dictionary。如上述 a、b 为数字类型 numbers，c 为字符串 string。

列表 list 和元组 tuple 相当于 Java 和 C/C++ 中的数组。列表 list 用 [ ] 来表示，如 [1，2，3]，元组 tuple 用()来表示，如 (1，2，3)，区别在于列表能够增删修改，而元组 tuple 不能。列表更为常用，它有一些内置的方法。

```
>>> a = [1,4,3,5,7,"John"]
```

（1）索引元素。

```
>>> a[0]
1
>>> a[-1]
'John'
>>> a[2]
3
```

（2）调用 append( )方法添加元素至列表。

```
>>>a.append(222)
>>>a
[1,4,3,5,7,'John',222]
```

（3）判断元素是否在列表内。

```
>>>"John" in a
True
>>>100 in a
False
>>>100 not in a
True
```

（4）列表的乘法操作。

```
>>>a *2
[1,4,3,5,7,'John',222,1,4,3,5,7,'John',222]
```

（5）列表的加法操作。

```
>>>a + [1,2]
[1,4,3,5,7,'John',222,1,2]
```

（6）获取列表长度，即列表中元素个数。

```
>>>len(a)
7
```

（7）获取某元素在列表中出现的次数。

```
>>>a.count("John")
1
>>>a.count(10)
0
```

（8）获取元素在列表中的索引。

```
>>>a.index("John")
5
```

（9）列表逆序操作。

```
>>>a.reverse()
>>>a
[222,'John',7,5,3,4,1]
```

（10）列表排序。

```
>>> a.sort()
>>> a
[1, 3, 4, 5, 7, 222, 'John']
```

（11）列表删除元素。

```
>>> a.remove(1)
>>> a
[3, 4, 5, 7, 222, 'John']
```

Python 中的元组 tuple 和列表 list 类似，但是不能修改元素。

```
>>> a = (1,2)
>>> a[0]
1
>>> a[1]
2
```

当尝试修改第一个元素时，程序报错。

```
>>> a[0] = 1
Traceback (most recent call last):
  File "<pyshell#42>", line 1, in <module>
    a[0] = 1
TypeError: 'tuple' object does not support item assignment
```

字典 dictionary 相当于 Java 中的 Hashmap，以 key/value（键/值）的方式存储数据，用 { } 表示，内置一些方法。

```
>>> nodes = {0:"node0",2:"node2"}
>>> force = {"Fx":20.,"Fy":100.,"M":20}
```

（1）字典索引。

```
>>> nodes[0]
'node0'
>>> force["Fx"]
20.0
```

（2）获取字典的 keys。

```
>>> nodes.keys()
[0, 2]
```

（3）获取字典的 vaules。

```
>>> force.values()
[20.0, 100.0, 20]
```

（4）获取字典的 keys 和 values，一一对应并用列表储存。

```
>>> nodes.items()
[(0, 'node0'), (2, 'node2')]
```

（5）向字典里添加 key/value。

```
>>> nodes[3] = 22
>>> force["Fz"] = 111.
>>> nodes.keys()
[0, 2, 3]
>>> force.values()
[20.0, 100.0, 111.0, 20]
```

（6）判断 key 是否在字典的 keys 中。

```
>>> 0 in nodes.keys()
True
>>> "Fz" in force
False
```

语法　Python 的语法主要包括分支语句及循环语句。仅介绍 if 分支和 for 循环。

```
>>> a,b,c = 3,4,5
>>> if a == b and a != c:
        print "Are you sure"
elif a == c and b == c:
        print "All equal"
else:
        print "I m not sure"
I m not sure

>>> a = [1,2,3,4]
>>> len(a)
4
>>> for i in xrange(len(a)):
        print a[i]
```

```
1
2
3
4
>>> for val in a:
        print val
1
2
3
4
>>> a = "hello"
>>> for s in a:
        print s
h
e
l
l
o
```

除此之外，Python 的列表推导简洁且功能强大。

```
>>> a = range(10)
>>> a
[0, 1, 2, 3, 4, 5, 6, 7, 8, 9]
```

（1）获取偶数列表。

```
>>> [v for v in a if v% 2 ==0]
[0, 2, 4, 6, 8]
>>> b = {0:{"Fx":1,"Fy":2},1:{"Fx":3,"Fy":4},2:{"Fx":5,"Fy":6}}
>>> b.values()
[{'Fx': 1, 'Fy': 2}, {'Fx': 3, 'Fy': 4}, {'Fx': 5, 'Fy': 6}]
```

（2）获取字典的 values 列表。

```
>>> [val[key] for val in b.values() for key in["Fx","Fy"]]
[1, 2, 3, 4, 5, 6]
```

定义函数　Python 中的函数定义以 def 开头，return 结束，可传入参数。
（1）定义一个函数，传入一个参数，返回传入参数的平方。

```
>>> def power(x):
        return x * x
>>> power(2)
4
```

（2）定义一个函数，无传入参数，打印 hello。

```
>>> def test():
        print "hello"
>>> test()
hello
```

（3）定义一个函数，传入不确定个数的参数，以元组的形式传入。

```
>>> def myfunc( * args):
        print args
>>> myfunc(1,2,3,4)
(1, 2, 3, 4)
```

（4）定义一个函数，传入不确定个数的参数，以字典的形式传入。

```
>>> def anotherfunc( ** kwargs):
        print kwargs
>>> anotherfunc(a =1,b =2)
{'a': 1, 'b': 2}
```

（5）定义一个函数，传入有初始值的参数。

```
>>> def newfunc( x =1,y =2):
        print x,y
>>> newfunc()
1 2
>>> newfunc(22,33)
22 33
```

定义类　面向对象编程语言的核心是类。以有限元分析中的节点为例，建立简单的 Node 类。

```
>>> class Node(object):
        #定义节点类的初始化__init__()方法,传入参数节点坐标 x 和 y
        def __init__(self,x,y):
                #定义属性 x 代表节点的 x 坐标
                self.x = x
                #定义属性 y 代表节点的 y 坐标
                self.y = y
                #定义属性节点力 force,字典类型,key 分别"Fx"和"Fy"
```

```
            self.force = {"Fx":0,"Fy":0}
            #定义属性节点位移 disp,字典类型,key 分别"Ux"和"Uy"
            self.disp = {"Ux":0,"Uy":0}
        #定义获取 x 坐标的方法
        def get_x(self):
            return self.x
        #定义设置 x 坐标的方法,将 val 赋予 x 属性
        def set_x(self,val):
            self.x = val
```

（1）创建一个节点对象，坐标为（0，1）。

```
>>> nd = Node(0,1)
```

（2）获取节点的 x 坐标。

```
>>> nd.x
0
```

（3）获取节点的 y 坐标。

```
>>> nd.y
1
```

（4）获取节点位移。

```
>>> nd.disp
{'Uy': 0, 'Ux': 0}
```

（5）获取节点力。

```
>>> nd.force
{'Fx': 0, 'Fy': 0}
```

（6）重新设置节点的 x 坐标。

```
>>> nd.set_x(10)
```

（7）获取重新设置后的节点 x 坐标。

```
>>> nd.get_x()
10
>>> nd.x
10
```

以上内容定义了 Node 类，继承于 object 基类，__init__( ) 方法是类的初始化方法，传入参数 x 和 y，该类有四个属性 x、y、force 和 disp，定义了获取并设置坐标 x 的方法 get_x( ) 与 set_x( )，创建了节点对象 nd。利用类的继承性，可将二维节点类快速扩展成三维。

```
>>>class Node3D(Node):#继承 Node 类
        #定义 Node3D 的初始化__init__( )方法,传入参数为节点坐标 x,y 和 z
        def __init__(self,x,y,z):
                #调用 Node 类__init__( )方法的,传入参数为节点坐标 x 和 y
                Node.__init__(self,x,y)
                #定义属性 z 代表节点的 z 坐标
                self.z = z
        #定义获取 y 坐标的方法
        def get_y(self):
                return self.y
```

（1）创建一个 Node3D 对象，该节点的坐标为（1，2，3）。

```
>>>nd = Node3D(1,2,3)
>>>nd.x
1
>>>nd.y,nd.z
(2,3)
>>>nd.get_y()
2
```

（2）Node3D 继承了 Node 的方法。

```
>>>nd.get_x()
1
```

可以看出，将 Node3D 类的 __init__( ) 方法进行了简单修改，便实现了三维节点类，Node3D 继承了 Node 类的 set_x( ) 和 get_x( ) 方法，并为其定义了新的方法 get_y( )。

1. 1. 4　Python 导入模块

Python 易用性的特点之一在于有大量免费开源的第三方库可以使用，比如 Python 并不自带快速矩阵运算的功能，但读者可安装矩阵运算库 Numpy 得以实现矩阵运算。下面主要介绍两种 Python 导入模块的方法。

第一种　import modname，模块是指一个可以交互使用，或者从另一个 Python 程序访问的代码段，多个模块组成包。只要导入了一个模块，就可以引用它的任何公共的函数、类或属性。当前模块可以通过这种方法来使用其他模块的功能。用 import 语句导入模块，就在当前的名称空间（namespace）建立了一个到该模块的引用。这种引用必须使用全称，也就是说，当导入模块中定义的函数或者类时，必须包含模块的名字。所以不能只使用 funcname 或 classname，而应该使用 modname.funcname 或 modname.classname。

第二种　from modname import funcname, classname

　　　　from modname import fa, fb, ca, cb

　　　　或者 from modname import *

与第一种方法的区别：funcname 或者 classname 被直接导入到本地名字空间去了，所以它可以直接使用，而不需要加上模块名的限定。* 表示该模块的所有公共对象（public objects）都被导入到当前的名称空间。在 Numpy 和 Matplotlib 库入门中读者可更直观地感受 Python 的模块导入。

1.2　Numpy 简介

Numpy 是 Python 著名的矩阵运算扩展库。以下操作要求读者安装了 Numpy。

```
>>> import numpy as np
>>> a = np.array([1,2,3,4])
>>> b = np.array([[1,2,3,4],[2,3,4,5],[3,4,5,6],[4,5,6,7]])
>>> b
array([[1,2,3,4],
       [2,3,4,5],
       [3,4,5,6],
       [4,5,6,7]])
```

以上操作导入了库 Numpy，并以 np 简写，创建了一维数组 a 和二维数组 b。可通过访问 shape 和 size 属性获取数组的形状和元素的个数。

```
>>> a.shape
(4,)
>>> b.shape
(4,4)
>>> a.size
4
>>> b.size
16
```

需要注意的是，shape 属性返回的是元组 tuple 类型。

```
>>> c = 1
>>> d = (1,)
>>> type(c)
<type 'int'>
>>> type(d)
<type 'tuple'>
```

通过访问数组对象的属性 T 或者调用 transpose( ) 方法实现数组的转置。

```
>>> b.T
array([[1, 2, 3, 4],
       [2, 3, 4, 5],
       [3, 4, 5, 6],
       [4, 5, 6, 7]])
>>> b.transpose()
array([[1, 2, 3, 4],
       [2, 3, 4, 5],
       [3, 4, 5, 6],
       [4, 5, 6, 7]])
```

需要注意的是，低版本的 Numpy 对一维数组的转置会失效。

```
>>> a.T
array([1, 2, 3, 4])
```

如果出现以上情况，可以调用 reshape( ) 方法实现转置。

```
>>> a.reshape(4,1)
array([[1],
       [2],
       [3],
       [4]])
>>> b.reshape(8,2)
array ([[1, 2],
       [3, 4],
       [2, 3],
       [4, 5],
       [3, 4],
       [5, 6],
       [4, 5],
       [6, 7]])
```

调用 arange( ) 函数和 linspace( ) 函数对区间进行等分。

```
>>> a = np.arange(0,1,0.1)
>>> a
array([ 0., 0.1, 0.2, 0.3, 0.4, 0.5, 0.6, 0.7, 0.8, 0.9])
>>> b = np.linspace(0,1,10)
>>> b
array([ 0.        , 0.11111111, 0.22222222, 0.33333333, 0.44444444,
       0.55555556, 0.66666667, 0.77777778, 0.88888889, 1.         ])
>>> b = np.linspace(0,1,10,endpoint = False)
>>> b
array([ 0., 0.1, 0.2, 0.3, 0.4, 0.5, 0.6, 0.7, 0.8, 0.9])
```

可以看出，arange( ) 函数的格式是（起点，终点，步长），但不包括终点；linspace( ) 函数的格式是（起点，终点，等分数），可用 endpoint 参数控制是否包括终点。

zeros( )、ones( )、empty( ) 等函数能快速创建数组，其中 empty( ) 函数只分配内存，不赋值。

```
>>> a = np.zeros((4,4))
>>> a
array([[ 0., 0., 0., 0.],
       [ 0., 0., 0., 0.],
       [ 0., 0., 0., 0.],
       [ 0., 0., 0., 0.]])
>>> b = np.ones((4,4))
>>> b
array([[ 1., 1., 1., 1.],
       [ 1., 1., 1., 1.],
       [ 1., 1., 1., 1.],
       [ 1., 1., 1., 1.]])
>>> c = np.empty((4,4))
>>> c
array([[ 2.96739769e-119, 1.45250033e-070, 1.06399914e+248,
        1.49895788e-259],
       [ 6.64683435e-119, 8.47669474e+135, 1.29315989e+161,
        8.90567240e+252],
       [ 2.43812974e-152, 6.09079069e+247, 1.66155533e-259,
        1.96264353e+243],
       [ 1.80124665e-046, 9.18273619e+252, 6.59138017e-087,
        1.81667905e-152]])
```

可使用和列表相同的方式对数组进行存取。

```
>>> a = np.arange(10)
>>> a
array([0, 1, 2, 3, 4, 5, 6, 7, 8, 9])
>>> a[1]
1
>>> a[:3]
array([0, 1, 2])
>>> a[4:]
array([4, 5, 6, 7, 8, 9])
>>> a[2:4]
array([2, 3])
>>> a[1:4:2]
array([1, 3])
>>> a[-1]
9
>>> a[-2]
8
>>> a[1:-1]
array([1, 2, 3, 4, 5, 6, 7, 8])
>>> a[1:-1:4]
array([1, 5])
```

可通过函数实现快速数组运算。

```
>>> x
array([0, 1, 2, 3, 4, 5, 6, 7, 8, 9])
>>> y = x ** 2
>>> y
array([ 0,  1,  4,  9, 16, 25, 36, 49, 64, 81])
>>> x + y
array([ 0,  2,  6, 12, 20, 30, 42, 56, 72, 90])
>>> x * y
array([  0,   1,   8,  27,  64, 125, 216, 343, 512, 729])
>>> np.sin(x)
array([ 0.        ,  0.84147098,  0.90929743,  0.14112001, -0.7568025 ,
       -0.95892427, -0.2794155 ,  0.6569866 ,  0.98935825,  0.41211849])
```

可以看出数组的 * 乘法运算是矩阵元素的相乘，可以调用 Numpy.dot( ) 函数实现数组相乘。

```
>>> a = np.array([[1,2],[2,3]])
>>> b = np.array([1,2])
>>> np.dot(a,b)
array([5, 8])
```

Numpy.linalg 中提供了线性方程组的求解函数 solve( )。

```
>>> a = np.random.rand(5,5)
>>> a
array([[ 0.97685534,  0.63369216,  0.30946601,  0.9599492 ,  0.41226575],
       [ 0.29668625,  0.5413057 ,  0.67195329,  0.24394575,  0.13768369],
       [ 0.52109762,  0.93664715,  0.4001945 ,  0.52302717,  0.43949806],
       [ 0.0603267 ,  0.70555744,  0.55148684,  0.58847232,  0.78056595],
       [ 0.90483666,  0.44196604,  0.95575928,  0.29898881,  0.63945063]])
>>> b = np.random.rand(5)
>>> b
array([ 0.61967231,  0.94415499,  0.18442066,  0.47837391,  0.43580209])
>>> x = np.linalg.solve(a,b)
>>> x
array([ -0.68017887, -0.4285852 ,  1.73602445,  1.67926161, -1.43971856])
```

此函数也是求解有限元分析中线性方程组的函数。

1.3　Matplotlib 简介

Matplotlib 是 Python 的一个著名绘图库，绘图功能非常强大。以下操作在安装了 Matplotlib 的基础上才能完成。

```
>>> import matplotlib.pyplot as plt
>>> import numpy as np
>>> x = np.arange(0,10,1)
>>> y = x ** 2 + 1
>>> plt.plot(x,y,"r-")
[ <matplotlib.lines.Line2D object at 0x040D4E70 >]
>>> plt.show()
```

绘制结果如图 1.8 所示。

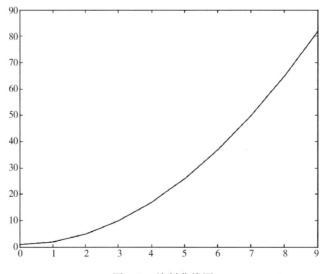

图 1.8　绘制曲线图

除了交互式输入运行外，还可以将代码写入 Python 文件运行，如文件 1-1-plot_test.py，其内容如下。

```python
import numpy as np
import matplotlib.pyplot as plt
from matplotlib.lines import Line2D
def test():
    n1 = (0,0)
    n2 = (0,3)
    n3 = (4,3)
    n4 = (4,0)
    nds = [n1,n2,n3,n4]

    #创建图表
    fig = plt.figure()

    #创建坐标轴
    ax = fig.add_subplot(111,aspect = "equal")

    #设置坐标轴范围和刻度
    ax.set_xlim(-1,5)
    ax.set_ylim(-1,4)
    ax.set_xticks([])
    ax.set_yticks([])

    #绘制直线
    for i in xrange(3):
        x,y = [nds[i][0],nds[i+1][0]],[nds[i][1],nds[i+1][1]]
        line = Line2D(x,y,color = "k",linewidth = 1.5,
                      marker = "o",markeredgecolor = "w",ms = 6)
        ax.add_line(line)

    #绘制支座
    ax.plot(n1[0],n1[1],"gs",ms = 10)
    ax.plot(n4[0],n4[1],"go",ms = 10)

    #绘制箭头
    ax.arrow(2,3.5,0,-0.5,length_includes_head = True,
             head_length = 0.1,head_width = 0.05,color = 'r')
    plt.show()

if __name__ == "__main__":
    test()
```

程序的输出为如图 1.9 所示的二维钢架。

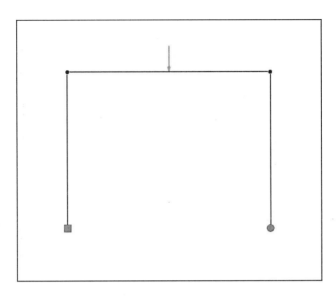

图 1.9　绘制二维刚架

绘制三角网格及云图。运行 Python 文件 1-2-plot_test.py，其内容如下。

```python
import matplotlib.pyplot as plt
import matplotlib.tri as tri
import numpy as np
import math

#确定三角网格的节点坐标,圆域三角剖分
n_angles = 36
n_radii = 8
min_radius = 0.25
radii = np.linspace(min_radius, 0.95, n_radii)

angles = np.linspace(0, 2 * math.pi, n_angles, endpoint = False)
angles = np.repeat(angles[..., np.newaxis], n_radii, axis = 1)
angles[:, 1::2] += math.pi / n_angles

#确定网格节点坐标
x = (radii * np.cos(angles)).flatten()
y = (radii * np.sin(angles)).flatten()

#确定云图数值
z = (np.cos(radii) * np.cos(angles * 3.0)).flatten()

#创建三角网格对象
```

```
triang = tri.Triangulation(x, y)

#去掉多余的网格
xmid = x[triang.triangles].mean(axis = 1)
ymid = y[triang.triangles].mean(axis = 1)
mask = np.where(xmid * xmid + ymid * ymid < min_radius * min_radius, 1, 0)
triang.set_mask(mask)

#绘制三角网格,如图1.10 所示
plt.figure()
plt.gca().set_aspect('equal')
plt.triplot(triang, 'bo -', lw = 1)
plt.title('triplot of Delaunay triangulation')

#绘制三角网格云图,平面着色,如图1.11 所示
plt.figure()
plt.gca().set_aspect('equal')
plt.tripcolor(triang, z, shading = 'flat')
plt.colorbar()
plt.title('tripcolor of Delaunay triangulation, flat shading')

#绘制三角网格云图,高路德着色,如图1.12 所示
plt.figure()
plt.gca().set_aspect('equal')
plt.tripcolor(triang, z, shading = 'gouraud')
plt.colorbar()
plt.title('tripcolor of Delaunay triangulation, gouraud shading')

#绘制不规则网格
#给定节点坐标
xy = np.asarray([
    [ -0.101, 0.872], [ -0.080, 0.883], [ -0.069, 0.888], [ -0.054, 0.890],
    [ -0.045, 0.897], [ -0.057, 0.895], [ -0.073, 0.900], [ -0.087, 0.898],
    [ -0.090, 0.904], [ -0.069, 0.907], [ -0.069, 0.921], [ -0.080, 0.919],
    [ -0.073, 0.928], [ -0.052, 0.930], [ -0.048, 0.942], [ -0.062, 0.949],
    [ -0.054, 0.958], [ -0.069, 0.954], [ -0.087, 0.952], [ -0.087, 0.959],
    [ -0.080, 0.966], [ -0.085, 0.973], [ -0.087, 0.965], [ -0.097, 0.965],
    [ -0.097, 0.975], [ -0.092, 0.984], [ -0.101, 0.980], [ -0.108, 0.980],
    [ -0.104, 0.987], [ -0.102, 0.993], [ -0.115, 1.001], [ -0.099, 0.996],
    [ -0.101, 1.007], [ -0.090, 1.010], [ -0.087, 1.021], [ -0.069, 1.021],
```

```
    [-0.052, 1.022], [-0.052, 1.017], [-0.069, 1.010], [-0.064, 1.005],
    [-0.048, 1.005], [-0.031, 1.005], [-0.031, 0.996], [-0.040, 0.987],
    [-0.045, 0.980], [-0.052, 0.975], [-0.040, 0.973], [-0.026, 0.968],
    [-0.020, 0.954], [-0.006, 0.947], [ 0.003, 0.935], [ 0.006, 0.926],
    [ 0.005, 0.921], [ 0.022, 0.923], [ 0.033, 0.912], [ 0.029, 0.905],
    [ 0.017, 0.900], [ 0.012, 0.895], [ 0.027, 0.893], [ 0.019, 0.886],
    [ 0.001, 0.883], [-0.012, 0.884], [-0.029, 0.883], [-0.038, 0.879],
    [-0.057, 0.881], [-0.062, 0.876], [-0.078, 0.876], [-0.087, 0.872],
    [-0.030, 0.907], [-0.007, 0.905], [-0.057, 0.916], [-0.025, 0.933],
    [-0.077, 0.990], [-0.059, 0.993]])

x = xy[:, 0] * 180 / 3.14159
y = xy[:, 1] * 180 / 3.14159

#确定网格单元索引
triangles = np.asarray([
    [67, 66, 1], [65, 2, 66], [1, 66, 2], [64, 2, 65], [63, 3, 64],
    [60, 59, 57], [2, 64, 3], [3, 63, 4], [0, 67, 1], [62, 4, 63],
    [57, 59, 56], [59, 58, 56], [61, 60, 69], [57, 69, 60], [4, 62, 68],
    [6, 5, 9], [61, 68, 62], [69, 68, 61], [9, 5, 70], [6, 8, 7],
    [4, 70, 5], [8, 6, 9], [56, 69, 57], [69, 56, 52], [70, 10, 9],
    [54, 53, 55], [56, 55, 53], [68, 70, 4], [52, 56, 53], [11, 10, 12],
    [69, 71, 68], [68, 13, 70], [10, 70, 13], [51, 50, 52], [13, 68, 71],
    [52, 71, 69], [12, 10, 13], [71, 52, 50], [71, 14, 13], [50, 49, 71],
    [49, 48, 71], [14, 16, 15], [14, 71, 48], [17, 19, 18], [17, 20, 19],
    [48, 16, 14], [48, 47, 16], [47, 46, 16], [16, 46, 45], [23, 22, 24],
    [21, 24, 22], [17, 16, 45], [20, 17, 45], [21, 25, 24], [27, 26, 28],
    [20, 72, 21], [25, 21, 72], [45, 72, 20], [25, 28, 26], [44, 73, 45],
    [72, 45, 73], [28, 25, 29], [29, 25, 31], [43, 73, 44], [73, 43, 40],
    [72, 73, 39], [72, 31, 25], [42, 40, 43], [31, 30, 29], [39, 73, 40],
    [42, 41, 40], [72, 33, 31], [32, 31, 33], [39, 38, 72], [33, 72, 38],
    [33, 38, 34], [37, 35, 38], [34, 38, 35], [35, 37, 36]])

xmid = x[triangles].mean(axis = 1)
ymid = y[triangles].mean(axis = 1)
x0 = -5
y0 = 52

#确定云图数值
zfaces = np.exp( -0.01 * ((xmid - x0) * (xmid - x0) + (ymid - y0) * (ymid - y0)))
```

```
#绘制三角网格,如图1.13 所示
plt.figure()
plt.gca().set_aspect('equal')
plt.triplot(x, y, triangles, 'go -', lw =1.0)
plt.title('triplot of user -specified triangulation')
plt.xlabel('Longitude (degrees)')
plt.ylabel('Latitude (degrees)')

#绘制三角网格云图,如图1.14 所示
plt.figure()
plt.gca().set_aspect('equal')
plt.tripcolor(x, y, triangles, facecolors =zfaces, edgecolors ='k')
plt.colorbar()
plt.title('tripcolor of user -specified triangulation')
plt.xlabel('Longitude (degrees)')
plt.ylabel('Latitude (degrees)')

#显示绘图
plt.show()
```

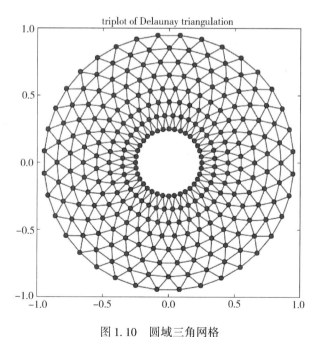

图 1.10　圆域三角网格

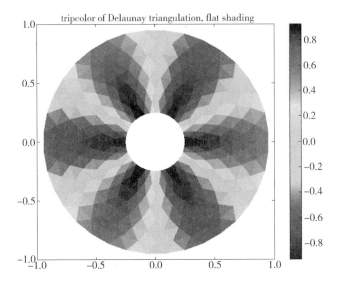

图 1.11　圆域三角网格云图（平面着色）

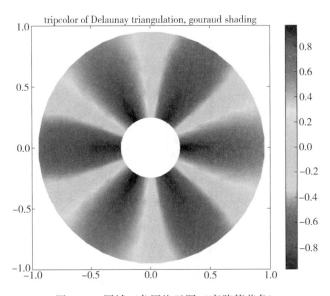

图 1.12　圆域三角网格云图（高路德着色）

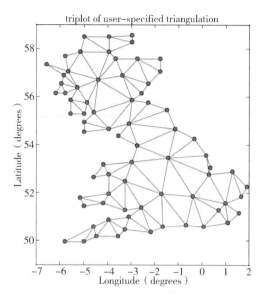

图 1.13　不规则三角网格

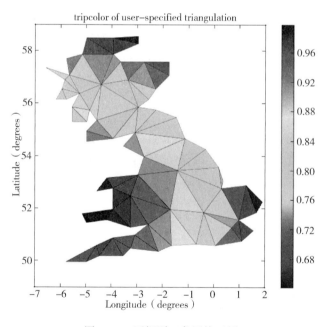

图 1.14　不规则三角网格云图

更多绘图实例，读者可参考 Matplotlib 官网 http://matplotlib. org/上的 demo 文件，也可以与笔者交流。

第 2 章

有限元分析的一般过程——搭建 Feon 框架

2.1 什么是 Feon

笔者在前言中多次提到了 Feon，那什么是 Feon？如果你要着手写一本叫《Python 与有限元》的书，假设你在个人电脑上创建一个叫 Feon 的文件夹，该文件夹包含子文件夹 sa（structural analysis）和一个 tools.doc 文件，sa 子文件夹中又包括 node.doc、element.doc、system.doc 等文件用于对书中信息的分类编辑。∗.doc 文件是 office 文件，主要是提供文件编辑功能。Python 是脚本语言，其文件名以 .py 为后缀。在 Python 中，∗.py 文件被称为模块，由许多模块组成的文件称为包，包通过发布可以安装到 Python，然后直接在 Python 的 IDE（计算机语言运行的环境）中调用运行。Feon 只是笔者给编写的有限元分析框架 Python 库的一个命名，它可以是任意的名字。下面通过五个简单的例子来介绍 Feon。

Feon 求解问题大致分为四个步骤，分别为：
第一步，离散求解域，创建节点、单元和系统；
第二步，施加边界条件；
第三步，求解系统；
第四步，后处理。

以下内容要求读者安装了 Python、Numpy 和 Feon，为了实现绘图功能，还需安装 Matplotlib。

例 2.1 求解如图 2.1 所示的等跨桁架系统。已知材料的弹性模量 $E = 210\text{GPa}$，上、下悬杆截面面积为 $A_1 = 31.2\text{E} - 2\text{m}^2$，腹杆的截面面积为 $A_2 = 8.16\text{E} - 2\text{m}^2$。

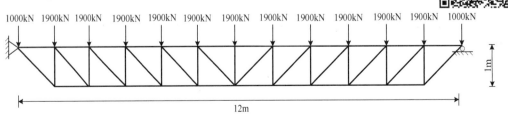

图 2.1　二维桁架系统示意图

新建一个名为 2-1-test.py 的 Python 文件，并在其中输入如下内容（本书全部例题文件可在下载网址 http://www.waterpub.com.cn/softdown 中找到）。

```python
#导入 Feon 结构有限元分析模块中的对象
from feon.sa import *
#从 Feon 的工具箱模块中导入生成器 pair_wise
from feon.tools import pair_wise
if __name__ =="__main__":

#第一步，离散求解域，创建节点、单元和系统

    #定义材料参数
    E = 210e6
    A1 = 31.2e-2
    A2 = 8.16e-2

    #创建节点
    nds1 = []
    nds2 = []
    for i in xrange(13):
        nds1.append(Node(i,0))
    for i in xrange(11):
        nds2.append(Node(i+1,-1))

    #创建单元
    els = []
    for e in pair_wise(nds1):
        els.append(Link2D11((e[0],e[1]),E,A1))
    for e in pair_wise(nds2):
        els.append(Link2D11((e[0],e[1]),E,A1))
    for i in xrange(6):
        els.append(Link2D11((nds1[i],nds2[i]),E,A2))
    for i in xrange(6):
        els.append(Link2D11((nds2[i+5],nds1[i+7]),E,A2))
    for i in xrange(11):
        els.append(Link2D11((nds1[i+1],nds2[i]),E,A2))

    #创建系统
    s = System()

    #向系统中添加节点
    s.add_nodes(nds1,nds2)
```

```
    #向系统中添加单元
    s.add_elements(els)

#第二步：施加边界条件

    #施加节点力
    s.add_node_force(nds1[0].ID,Fy = -1000)
    s.add_node_force(nds1[-1].ID,Fy = -1000)
    for i in xrange(1,12):
        s.add_node_force(nds1[i].ID,Fy = -1900)

    #施加节点位移
    s.add_fixed_sup(nds1[0].ID)
    s.add_rolled_sup(nds1[-1].ID,"y")

#第三步：求解

    s.solve()

第四步：后处理
```

按 F5 键运行。计算完成后，可交互式查看计算结果报告。

```
>>> s.results()
=========================
        Results
=========================
Type: 2D System
Number of nodes: 24
Number of elements: 45

Max element sx ID: nonexist
Max element sx: nonexist

Max element sy ID: nonexist
Max element sy: nonexist

Max element sz ID: nonexist
Max element sz: nonexist

Max element sxy ID: nonexist
Max element sxy: nonexist
```

```
Max element syz ID: nonexist
Max element syz: nonexist

Max element szx ID: nonexist
Max element szx: nonexist

Max element N ID: 5
Max element N: 34200.0

Max element Ty ID:nonexist
Max element Ty:nonexist

Max element Tz ID: nonexist
Max element Tz: nonexist

Max element Mx ID: nonexist
Max element Mx: nonexist

Max element My ID: nonexist
Max element My:nonexist

Max element Mz ID: nonexist
Max element Mz: nonexist

Max node Ux ID: 12
Max node Ux: -0.0046688034188

Max node Uy ID: 6
Max node Uy: -0.0234425442598

Max node Uz ID: nonexist
Max node Uz: nonexist

Max node Phx ID: nonexist
Max node Phx: nonexist

Max node Phy ID: nonexist
Max node Phy: nonexist
```

```
Max node Phz ID: 0
Max node Phz: 0.0

Max node disp ID: 6
Max node disp: 0.0235584870633
```

访问单个节点和单元的信息。

```
>>> nds1[1].disp
{'Phz': 0.0, 'Uy': -0.0064815046366478949, 'Ux': -0.00015949328449328464}
>>> els[6].force
{'N': array([[ 34200.],
    [-34200.]])}
```

批量访问节点或单元信息，如访问上悬杆节点水平位移。

```
>>> disp = [nd.disp["Ux"] for nd in nds1]
>>> disp
[0.0,                       -0.00015949328449328464,  -0.00044948107448107615,
 -0.00084096459096459435, -0.0013049450549450594,   -0.0018124236874236925,
 -0.0023344017094017173,  -0.0028563797313797415,   -0.0033638583638583761,
 -0.0038278388278388414,  -0.0042193223443223599,   -0.0045093101343101506,
 -0.0046688034188034355]
```

使用 Numpy 库获取上悬杆节点的最大水平位移。

```
>>> import numpy as np
>>> max_id = np.argmax(np.abs(disp))
>>> max_disp = disp[max_id]
>>> max_disp
-0.0046688034188034355
```

使用 Matplotlib 库绘制桁架模型示意图如图 2.2 所示。

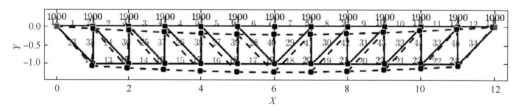

图 2.2　桁架模型图

绘制单个单元信息如图 2.3 所示。

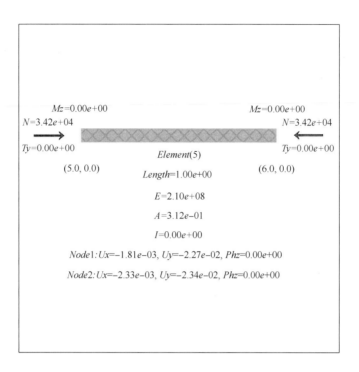

图2.3　桁架单元信息图

绘制节点位移和单元轴力如图2.4 所示。

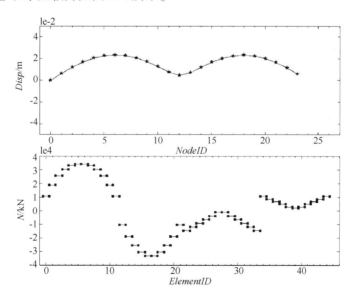

图2.4　桁架节点位移与单元轴力图

例2.2 计算如图2.5（a）所示地下连续墙结构的变形和弯矩。已知开挖土体为砂土，重度为18kN/m³，主动土压力系数 $k_a = 0.6$，地下水位位于基坑底部以下，墙体厚度 $d = 800$mm。混凝土弹性模量 $E = 2.85$GPa；支撑弹性模量 $E_1 = 210$GPa，截面面积 $A_1 = 0.0025$m²，支撑长度为3m，对称布置。假设主动土压力在开挖面以上为线性分布，开挖面以下为常数；地基系数为常数，$k = 15000$kN/m²。

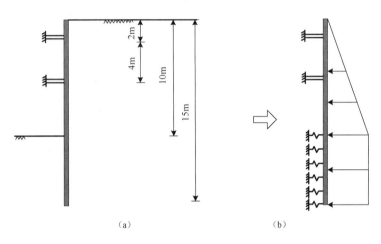

（a） （b）

图2.5 地下连续墙基坑支护示意图

根据题意，将图2.5（a）所示的基坑支护结构的简化为图2.5（b）所示的受力图示。根据 Winkler 弹性地基梁模型，用弹簧单元来模拟地基。弹簧分布越密集，计算结果越精确。

新建一个名为2-2-test.py 的 Python 文件，在其中输入如下内容。

```
from feon.sa import *
from feon.tools import pair_wise
if __name__ == "__main__":

    #定义材料参数
    E1 = 2.85e6
    E2 = 210e6
    k = 15000
    I = 0.0427
    A = 0.8
    A1 = 0.0025
    ka = 0.6

    #创建节点和单元,本例计算时开挖面以上梁按1m长度划分单元
    #开挖面以下按0.5m划分单元
    nds1 = [Node(0, -i) for i in xrange(10)]
    nds2 = [Node(0, -(i+20)*0.5) for i in xrange(11)]
```

```
nds3 = [Node( -0.5, -(i +20) * 0.5) for i in xrange(11)]
nds4 = [Node( -1.5, -2),Node( -1.5, -6)]

els = []

#创建梁单元,即墙体
for nd in pair_wise(nds1 +nds2):
    els.append(Beam2D11(nd,E1,A,I))

#创建土弹簧
for i in xrange(11):
    els.append(Spring2D11((nds2[i],nds3[i]),k))

#创建支撑
els.append(Link2D11((nds4[0],nds1[2]),E2,A1))
els.append(Link2D11((nds4[1],nds1[6]),E2,A1))

#创建有限元系统
s = System()

#将节点和单元加入系统
s.add_nodes(nds1,nds2,nds3,nds4)
s.add_elements(els)

#施加边界条件
nid1 = [nd.ID for nd in nds3]
nid2 = [nd.ID for nd in nds4]
s.add_fixed_sup(nid1,nid2)

#施加主动土压力
#开挖面以上线性分布
for i,el in enumerate(els[:10]):
    s.add_element_load(el.ID,"tri", -18 * ka)
    s.add_element_load(el.ID,"q", -i * 18 * ka)

#开挖面以下为常数
for el in els[10:20]:
    s.add_element_load(el.ID,"q", -180 * ka)

#设置位移边界条件
for nd in nds1:
    nd.set_disp(Uy =0)
for nd in nds2:
```

```
        nd.set_disp(Uy = 0)

#求解系统
s.solve()
```

计算完成后，查看地下连续墙的变形和弯矩。

```
>>> [nd.disp["Ux"] for nd in nds1]+[nd.disp["Ux"] for nd in nds2]
[ -0.00034648648626880296, -0.00022575513356061787, -0.00012721039492860677,
 -9.2097243500339042e-05, -6.0401175999572771e-05, -0.00016865896081085375,
 -0.00090839319153751259, -0.0027172249366380443, -0.0045747187757258535,
 -0.0055840306758789017, -0.0055582882546127178, -0.0053005506628238707,
 -0.0049808016125467581, -0.0046449297539700573, -0.00431759061639883,
 -0.0040073181977357906, -0.0037115464855676395, -0.0034213965286460043,
 -0.0031262563015702926, -0.0028182784033551453, -0.0024969475436753558]
> > > [el.force["Mz"][0][0] for el in els[:20]]
[1.4765966227514582e-14,    1.7999999999999918,    14.400000000000006,
 -2.2841579714427125,       13.431684057114579,    72.34752608567193,
185.26336811422948,         -0.37806647221824807,  -110.41950105866493,
 -134.06093564511295,       -60.502370231564782,   -25.810249434387515,
 -3.8722586083916894,       7.7097201235068269,    11.454725700627023,
9.8178016547493598,         5.1259911258584907,    -0.40241804479410348,
 -4.5913011802895198,       -5.2271065775639727]
```

使用 Matplotlib 库绘制模型示意图如图 2.6 所示。

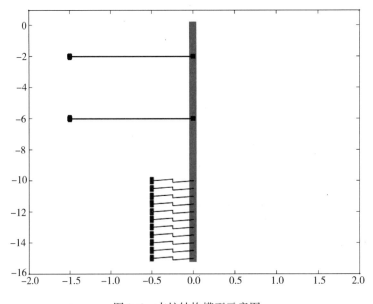

图 2.6　支护结构模型示意图

绘制墙体变形图和弯矩图如图 2.7~2.8 所示。

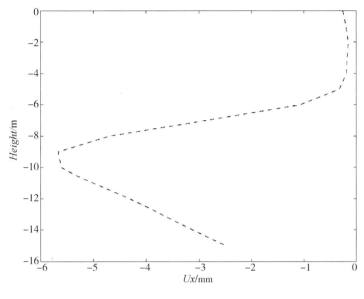

图 2.7　墙体变形图

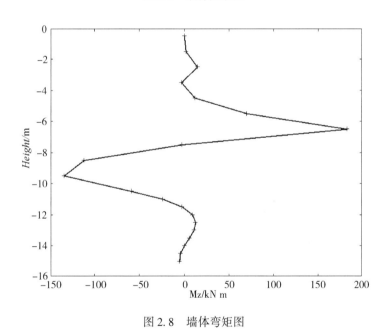

图 2.8　墙体弯矩图

📢 需要注意的是，通过更加细分的网格可以提高计算精度。

例 2.3　求解如图 2.9 所示的薄板系统。已知材料弹性模量 $E = 200\text{GPa}$，泊松比 $\mu = 0.3$，厚度 $t = 0.025\text{m}$。

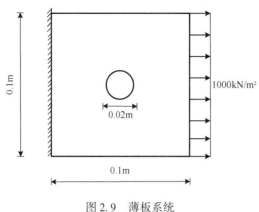

图 2.9　薄板系统

新建一个名为 2-3-test.py 的 Python 文件，并在其中输入如下内容。

```python
from feon.sa import *
import numpy as np
if __name__ == "__main__":

    #定义材料参数
    E = 200e6
    nu = 0.3
    t = 0.025

    #从 *.txt 文件中导入节点和单元信息
    ns = np.loadtxt("nodes")
    es = np.loadtxt("elements")
    x,y = ns[:,0], ns[:,1]

    #创建节点和单元
    nds = []
    els = []
    for v,nd in enumerate(ns):
        n = Node((x[v],y[v]))
        nds.append(n)
    for v,el in enumerate(es):
        i,j,k = int(el[0]-1),int(el[1]-1),int(el[2]-1)
        n1,n2,n3 = nds[i],nds[j],nds[k]
        e = Tri2D11S((n1,n2,n3),E,nu,t)
        els.append(e)
```

```
#创建系统并将节点和单元加入到系统中
s = System()
s.add_nodes(nds)
s.add_elements(els)
nids = [nds[i-1].ID for i in [1,22,32,33,34,35,36,37,38,39,40]]

#施加边界条件
s.add_fixed_sup(nids)
for i in [2] + range(12,22):
    s.add_node_force(nds[i-1].ID,Fx = 0.227)

#求解
s.solve()
```

📢 需要注意的是，nodes.txt 和 elements.txt 文件是笔者采用 *.txt 文档储存的节点坐标和单元索引信息，这些信息来自商业软件保存的网格划分数据文件。

绘制模型示意图（图 2.10 所示）、单元水平应力云图（图 2.11 所示）、竖向应力云图（图 2.12 所示）、节点水平位移云图（图 2.13 所示）、及节点竖向位移云图（图 2.14 所示）。

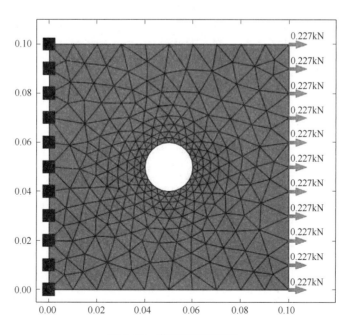

图 2.10 薄板系统模型图

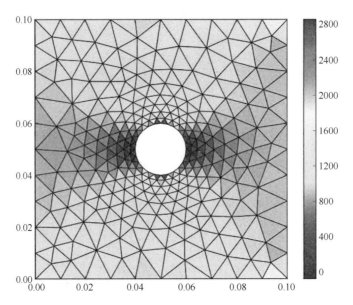

图 2.11 薄板系统单元水平应力云图

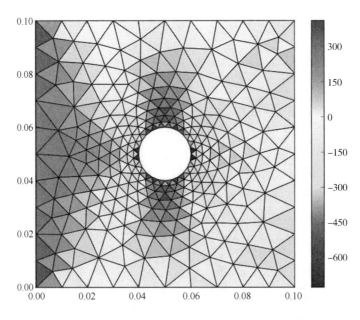

图 2.12 薄板系统单元竖向应力云图

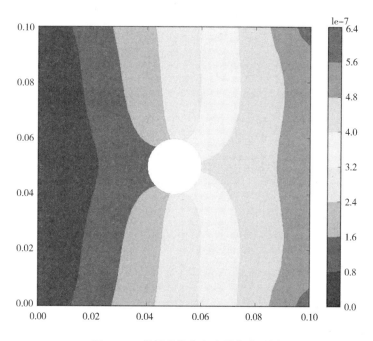

图 2.13　薄板系统节点水平位移云图

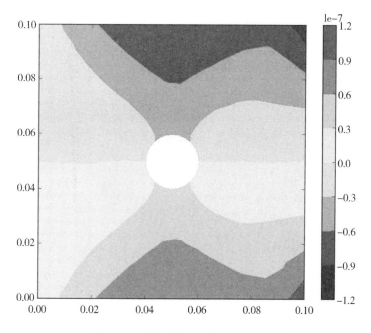

图 2.14　薄板系统节点竖向位移云图

例 2.4　计算如图 2.15 所示受压圆柱体的变形。已知材料弹性模量 $E = 210\text{GPa}$，泊松比 $\mu = 0.3$，顶面施加 $P = 2000\text{kN}$ 的竖向荷载，底面固定。

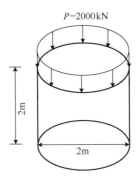

图 2.15　圆柱体示意图

新建一个名为 2-4-test.py 的 Python 文件，并在其中输入如下内容。

```python
from feon.sa import *
import numpy as np

#使用 Meshpy 网格划分库进行网格划分
from meshpy.tet import MeshInfo, build
from meshpy.geometry import \
        generate_surface_of_revolution, EXT_OPEN, \
        GeometryBuilder

#定义三角形面积计算函数
def area_of_tri(nodes):
    v1 = np.array(nodes[0].coord[:2]) - np.array(nodes[1].coord[:2])
    v2 = np.array(nodes[0].coord[:2]) - np.array(nodes[2].coord[:2])
    area = np.cross(v1,v2)/2.
    return area

if __name__ == "__main__":

    #网格划分
    r = 1
    l = 2
    rz = [(0,0), (r,0), (r,1), (0,1)]
    geob = GeometryBuilder()
    geob.add_geometry( *generate_surface_of_revolution(rz,
            radial_subdiv = 20, ring_markers = [1,2,3]))
    mesh_info = MeshInfo()
    geob.set(mesh_info)
    mesh = build(mesh_info, max_volume = 0.01)

    #定义材料参数
    E = 210e6
```

```
nu = 0.3
P = 2000

#获取节点坐标以及单元节点坐标在系统节点中的索引
#加入系统后 cells 对应于单元节点在系统中的编号
points = np.array(mesh.points)
cells = np.array(mesh.elements)

#获取 z = 0 和 z = 2 平面上的节点在系统中的编号
face_cells = np.array(mesh.faces)
z_face0_cells = [c for c in face_cells if np.isclose(points[c][:,2],0).all()]
z_face2_cells = [c for c in face_cells if np.isclose(points[c][:,2],2).all()]

#创建节点
nds = np.array([Node(pt) for pt in points])

#创建单元
els = [Tetra3D11(nds[c],E,nu) for c in cells]

#创建系统并将节点和单元加入系统
s = System()
s.add_nodes(nds)
s.add_elements(els)

#固定 z = 0 平面上的节点
s.add_fixed_sup( * z_face0_cells)

#将荷载等效到 z = 2 平面上的节点上
area = [area_of_tri(nds[c]) for c in z_face2_cells]
s_area = sum(area)
for i,cs in enumerate(z_face2_cells):
    co = area[i] /s_area /3.
    for c in cs:
        s.add_node_force(c,Fz = - P * co)

#求解系统
s.solve()
```

计算完成后，查看系统信息。

```
>>> s
3D System:
Nodes: 605
Elements: 2158
```

绘制模型网格划分图与变形示意图如图 2.16（a）和（b）所示。

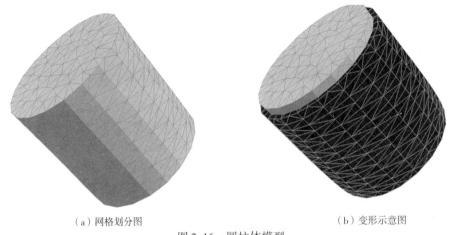

（a）网格划分图　　　　　　　　　　（b）变形示意图

图 2.16　圆柱体模型

📢 需要注意的是，图 2.16 中的三维图形是采用 Pyvtk 库将其保存为 * .vtk 文件，然后在 Paraview 中进行查看。

绘制圆柱体顶面 x 和 y 方向位移云图如图 2.17 所示。

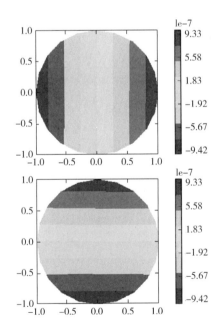

图 2.17　顶面 x 和 y 方向位移云图

例 2.5 如图 2.18（a）所示为某变截面圆筒渗流试验，已知砂土渗透系数为 $k = 2E - 5m/s$，求截面流速。

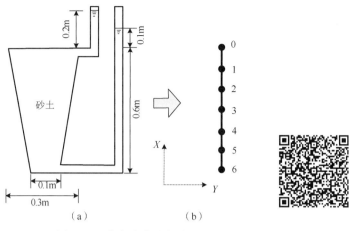

图 2.18 渗流试验示意图

由于是变截面装置，将模型箱离散为 6 个一维单元，每个单元的截面面积按单元中心处面积计算。

新建一个名为 2-5-test.py 的 Python 文件，并在其中输入如下内容。

```python
from feon.ffa import *
from feon.tools import pair_wise
import numpy as np
if __name__ == "__main__":

    #定义材料参数,渗透系数
    Kxx = -2e-5

    #计算单元中心处截面面积
    A = np.pi*(np.linspace(0.06,0.15,7)[:-1]+0.0075)

    #创建节点
    nds = [Node(-i*0.1,0) for i in xrange(7)]

    #创建单元
    els = []
    for i in xrange(6):

        #一维渗流单元为 E1D
        els.append(E1D((nds[i],nds[i+1]),Kxx,A[i]))

    #创建系统并将节点和单元加入到系统
    s = System()
```

```
s.add_nodes(nds)
s.add_elements(els)

#施加边界条件
s.add_node_head(0,0.2)
s.add_node_head(6,0.1)

#求解系统
s.solve()
```

计算完成后，查看节点水头和单元流速。

```
>>>[nd.head["H"] for nd in nds]
[0.2, 0.17569030706980543, 0.15580055830873715, 0.13897077089552551,
0.12438495513740877, 0.11151511770377638, 0.1]
>>>[el.velocity["Vx"][0][0] for el in els]
[-4.8619385860389127e-06, -3.977949752213657e-06, -3.3659574826423281e-06,
-2.9171631516233502e-06, -2.5739674867264784e-06, -2.3030235407552761e-06]
```

2.2　Feon 框架介绍

对于不同物理性质和数学模型的问题，有限元求解的基本步骤是相同的，只是具体推导和运算求解不同。通常有限元求解问题的基本步骤如下：

第一步：问题求解域定义。根据实际问题近似确定求解域的物理性质和几何区域，即构造分析模型。

第二步：求解域离散化。将求解域近似为具有不同有限大小和形状且彼此相连的有限个单元组成的离散域，习惯上称为有限元网格划分。即节点（nodes）组成单元（elements），单元构成系统（system）。

第三步：确定状态变量及控制方法。一个具体的物理问题通常可以用一组包含问题状态变量边界条件的微分方程式表示，通常将微分方程化为等价的泛函形式。

第四步：单元推导。对单元构造一个适合的近似解，即推导有限元的列式，其中包括选择合适的单元坐标系，建立单元形函数，以某种方法给出单元各种状态的离散关系，从而形成单元矩阵。如结构分析中的单元刚度矩阵。

第五步：组装求解。将单元矩阵组装形成离散域的总矩阵，如结构分析中的总体刚度矩阵。

第六步：联立方程组求解和结果解释。有限元法最终导致联立方程组求解，求解结果是单元节点处的近似值，然后通过节点值来计算单元信息。

简言之，有限元求解问题的步骤为，确定求解域，离散求解域，推导单元矩阵，单元矩阵组装，联立方程组求解节点信息，通过节点信息计算单元信息。笔者根据有限元的求解思路，搭建了 Feon。

　　Feon 是一个开源的有限元分析 Python 框架。如表 2.1 所示，目前包括三个模块（base.py、tools.py 及 mesh.py）和三个包 sa、ffa 及 derivation。base.py 模块是 Feon 的核心，包含三个类 NodeBase、ElementBase 和 System-Base，分别为有限元分析中的节点、单元和系统基类，系统由单元组成，而单元又由节点构成。tools.py 模块中定义了一些适用的函数，mesh.py 模块中定义了规则三角形、四边形及六面体网格划分类，后续的实例分析中会介绍到。

表 2.1　Feon 框架

feon	sa	node.py
		element.py
		system.py
		solver.py
		draw2d.py
		post_process.py
	ffa	node.py
		element.py
		system.py
		solver.py
feon	derivation	base.py
		dElement.py
		integration.py
		lagrange.py
	base.py	
	tools.py	
	mesh.py	

　　结构分析包 sa 包括 6 个模块，分别为 node.py、element.py、system.py、solver.py、post_process.py 和 draw2d.py。其中 node.py 模块包含一个有限元结构分析节点类 Node，继承于 NodeBase 类；element.py 模块中的 StructElement 和 SoildElement 类继承于 ElementBase 类，分别为有限元结构分析中结构单元和实体单元的基类，Feon 中自带单元均定义在该模块中；system.py 模块中的 System 类继承于 SystemBase 类，为有限元结构分析的系统类，其涵盖了有限元分析的一般步骤；solver.py 模块中定义了有限元分析的求解函数；post_process.py 模块和 draw2d.py 模块中定义了简单的后处理类和部分基于 Matplotlib 的二维绘图功能函数。

　　derivation 包用于推导单元矩阵。目前包含 4 个模块，分别为 base.py、dElement.py、intgration.py 和 lagrange.py。base.py 模块中定义了推导单元矩阵的基类；dElement.py 模块中定义

了不同维度、形状单元的单元矩阵推导类，均继承于 base.py 模块中的基类；integration.py 模块中定义了通过三角形的三个顶点，计算三角形区域内的二次数值积分函数；lagrange.py 模块中定义了单元拉格朗日插值形函数。

三个基类（NodeBase、ElementBase 和 SystemBase）是有限元分析的基础，读者可以根据需要，如分析温度场、渗流场等（笔者在 4.3 节中自定义了渗流分析包 Feon.ffa）问题，参照 Feon.sa 的实现过程可进行扩展。结构有限元分析的核心内容为定义于 Feon.sa 包对应模块中的 Node 类、StructElement 类与 SoildElement 类及 System 类，以结构有限元分析中为例，介绍 Feon 的搭建过程。

2.3　节点

2.3.1　Feon.base.NodeBase 类

Feon 中有限元分析的节点基类，定义在 Feon.base.py 模块，其内容如下。

```python
class NodeBase(object):

    #初始化方法,输入节点坐标
    def __init__(self, * coord):

        #调用 init_coord( * coord)方法根据坐标输入类型定义节点坐标和维度
        self.init_coord( * coord)

        #初始化节点编号、nAk 和 nBk
        self._ID = None
        self._nAk = None
        self._nBk = None

        #调用 init_keys()方法
        self.init_keys()

    #定义__repr__()方法,当交互式访问时,打印 Node + 坐标
    def __repr__(self):
        return "Node:% r"% (self.coord,)

    #定义对象的索引方法,返回对应节点坐标
    def __getitem__(self, key):
        return self.coord[key]

    #定义通过对象索引来设置节点坐标
```

```python
def __setitem__(self,key,val):
    l = self.coord
    l[key] = val
    self.coord = l
```

#判断节点是否重合
```python
def __eq__(self,other):
    assert issubclass(type(other),NodeBase),"Must be Node type"
    a = np.array(self.coord)
    b = np.array(other.coord)
    if np.isclose(a,b).all():
        return True
    else:
        return False
```

#根据坐标输入类型定义节点坐标和维度
```python
def init_coord(self, * coord):
    self._x = 0.
    self._y = 0.
    self._z = 0.

    #如果 coord 是列表 list、元组 tuple 或 Numpy.ndarray 类型
    if len(coord) ==1:

        #获取维度
        self.dim = len(coord[0])

        #如果是二维
        if self.dim ==2:
            self._x = coord[0][0] * 1.
            self._y = coord[0][1] * 1.
            self.coord = (self.x,self.y)

        #如果是三维
        elif self.dim ==3:
            self._x = coord[0][0] * 1.
            self._y = coord[0][1] * 1.
            self._z = coord[0][2] * 1.
            self.coord = (self.x,self.y,self.z)

        else:
            raise AttributeError,"Node dimension is 2 or 3"

    #如果 coord 是 numbers 类型
```

```
    elif len(coord) == 2:
        self.coord = tuple(coord)
        self.dim = 2
        self._x = coord[0] * 1.
        self._y = coord[1] * 1.
        self.coord = (self.x, self.y)

    elif len(coord) == 3:
        self.coord = tuple(coord)
        self.dim = 3
        self._x = coord[0] * 1.
        self._y = coord[1] * 1.
        self._z = coord[2] * 1.
        self.coord = (self.x, self.y, self.z)

    else:
        raise AttributeError, "Node dimension is 2 or 3"

#定义 nBk 和 nAk 属性
@ property
def nBk(self):
    return self._nBk


@ property
def nAk(self):
    return self._nAk

#设置节点自由度方法,定义具体领域有限元分析的节点类时重写
def init_unknowns(self):
    pass

#初始化 nAk 和 nBk 方法,定义具体领域有限元分析的节点类时重写
#如结构分析中,定义二维节点的 nAk = ("Ux","Uy","Phz"),表示节点位移
#渗流分析中,定义节点的 nAk = ("H"),表示节点水头
def init_keys(self):
    pass

#定义设置和返回 nAk、nBk 的方法
def set_nAk(self, val):
    self._nAk = val


def get_nAk(self):
```

```
        return self._nAk
def set_nBk(self,val):
    self._nBk = val

def get_nBk(self):
    return self._nBk

#定义节点坐标
@ property
def x(self):
    return self._x

@ x.setter
def x(self,val):
    self._x = val

@ property
def y(self):
    return self._y

@ y.setter
def y(self,val):
    self._y = val

@ property
def z(self):
    return self._z

@ z.setter
def z(self,val):
    self._z = val

#定义节点编号
@ property
def ID(self):
    return self._ID

@ ID.setter
def ID(self,val):
    self._ID = val
```

2.3.2 Feon.sa.node.Node 类

Feon 中结构有限元分析的节点类，定义在 Feon.sa.node.py 模块，继承于 NodeBase 类。统计其主要属性和方法见表2.2。

表 2.2 Node 类的主要属性和方法统计表

	class Node	
	coord	tuple 类型，节点坐标
	dim	int 类型，节点维度，2 或 3
	x	float 类型，节点 x 坐标
	y	float 类型，节点 y 坐标
属性（property）	z	float 类型，节点 z 坐标
	nAk	list 或 tuple 类型，节点位移 keys
	nBk	list 或 tuple 类型，节点力 keys
	ID	None 或 int 类型，节点编号
	force	dictionary 类型，节点力
	disp	dictionary 类型，节点位移
	__init__(* coord)	根据坐标输入类型定义节点坐标和维度，输入节点坐标
	init_unknowns(* unknows)	设置节点自由度
	init_keys( )	初始化节点 keys
	set_force(** forces)	设置节点力
方法（method）	get_force( )	获取节点力
	clear_force( )	节点力数值归零
	set_disp(** disp)	设置节点位移
	get_disp( )	获取节点位移
	clear_disp( )	节点位移数值归零

其内容如下。

```
#继承于NodeBase
class Node(NodeBase):
def __init__(self, * coord):

    #调用NodeBase类的初始化方法
    NodeBase.__init__(self, * coord)

    #定义节点自由度
    self._dof = len(self.nAk)
```

```
        #初始化节点位移和节点力,默认为 0
        self._disp = dict.fromkeys(self.nAk,0.)
        self._force = dict.fromkeys(self.nBk,0.)

    #定义节点力和位移属性
    @ property
    def force(self):
        return self._force

    @ property
    def disp(self):
        return self._disp

    #初始化节点 keys
    def init_keys(self):

        #如果是二维节点
        if self.dim == 2:

            #默认节点位移 keys 为"Ux","Uy","Phz"
            self.set_nAk(("Ux","Uy","Phz"))

            #默认节点力 keys 为"Fx","Fy","Mz"
            self.set_nBk(("Fx","Fy","Mz"))

        #如果是三维节点
        elif self.dim == 3:

            #默认节点位移 keys 为"Ux","Uy","Uz","Phx","Phy","Phz"
            self.set_nAk(("Ux","Uy","Uz","Phx","Phy","Phz"))

            #默认节点力 keys 为"Fx","Fy","Fz","Mx","My","Mz"
            self.set_nBk(("Fx","Fy","Fz","Mx","My","Mz"))

    #设置节点自由度
    def init_unknowns(self, * unknowns):
        for key in unknowns:

            #输入参数为元组,且在 nAk 中
```

```
        if key in self.nAk:

            #将对应 keys 的 value 设置为 None,表示自由度
            self._disp[key] = None
        else:
            raise AttributeError,"Unknown disp name(% r)"% (unknowns,)

#设置节点力,输入参数为字典
def set_force(self, ** forces):
    for key in forces.keys():

        #如果输入参数的 keys 在 nBk 中
        if key in self.nBk:

            #将对应 key 的节点力值累计相加
            self._force[key] += forces[key]
        else:
            raise AttributeError,"Unknown focre name(% r)"% (forces,)

#节点力数值归零
def clear_force(self):
    for key in self.nBk():
        self._force[key] = 0.

#获取节点力
def get_force(self):
    return self._force

#设置节点位移,与 set_force()方法类似
def set_disp(self, ** disp):
    for key in disp.keys():
        if key in self.nAk:

            #节点位移为数值替换
            self._disp[key] = disp[key]
        else:
            raise AttributeError,"Unknown disp name(% r)"% (disp,)

#节点位移数值归零
def clear_disp(self):
```

```
        for key in self.nAk:
            self._disp[key]=0

    #获取节点位移
    def get_disp(self):
        return self._disp
```

以上程序结合以下实例学习。在 IDLE 中创建节点对象并访问其属性和方法。
导入 Feon.sa 中的对象。

```
>>> from feon.sa import *
```

创建节点对象，支持多种数据类型输入，可以是列表 list、元组 tuple、Numpy.ndarray、或数字 numbers。

（1）输入数字 numbers。

```
>>> n = Node(1,2)
>>> n
Node:(1.0, 2.0)
>>> n.x
1.0
>>> n.y
2.0
>>> n.z
0.0
>>> n.dim
2
>>> n.coord
(1.0, 2.0)
```

（2）输入元组 tuple。

```
>>> n1 = Node((1,2,3))
>>> n1
Node:(1.0, 2.0, 3.0)
>>> n1.dim
3
```

（3）输入列表 list。

```
>>> n2 = Node([1,3])
```

```
>>> n2
Node:(1.0,3.0)
>>> from numpy as np
```

（4）输入 Numpy.ndarray 类型。

```
>>> n3 = Node(np.array([1,2,2]))
>>> n3
Node:(1.0,2.0,2.0)
```

dim 属性表示节点的维度。coord 属性返回节点的坐标。除访问对象的 x、y、z 属性外，也可以通过索引获取坐标。

```
>>> n.coord
(1.0,2.0)
>>> n[0]
1.0
>>> n[1]
2.0
>>> n1[2]
3.0
```

通过 == 运算符判断节点是否重合。需要注意的是，不同维度的节点进行该操作会报错。如果相同维度的节点坐标对应的坐标值之差均在 10^{-5} 内，则认为两个节点重合。

```
>>> n == n
True
>>> n == n2
False
```

nAk 和 nBk 分别表示节点自由度的 keys（node A keys）。以结构分析为例，组装刚度矩阵后联立的系统线性方程组表达式为：

$$K \cdot U = F \text{ 或 } K \cdot A = B \tag{2.1}$$

式中 K 为组装后的系统总体刚度矩阵，F 为系统的节点力列阵，U 为系统的节点位移列阵，在 Feon 中，节点力和位移用字典来储存。对于结构有限元分析，A 对应于节点位移 U，B 对应于节点力 F，即 nAk 表示 node disp keys，nBk 表示 node force keys；对于渗流分析，A 对应于节点水头 H，而 B 对应于节点流量 F。读者可通过重写 NodeBase 类的 init_keys( ) 方法来实现自定义 keys 的节点类，如表示节点温度场或渗流场信息（4.3 节中定义了渗流有限元分析节点类 ffa.node.Node）。Feon.sa 中节点对象默认的 keys 为：

二维节点：nAk = ("Ux" , "Uy" , "Phz") , nBk = ("Fx" , "Fy" , "Mz") ;

三维节点：nAk = ("Ux","Uy","Uz","Phx","Phy","Phz") ,

nBk = ("Fx","Fy","Fz","Mx","My","Mz")。

Ux、Uy、Uz 分别表示节点在总体坐标系中沿 X、Y、Z 三个方向的位移；Phx、Phy、Phz 表示节点沿三个坐标轴方向的转角；Fx、Fy、Fz、Mx、My、Mz 分别表示节点在总体坐标系中的力和弯矩。

接着上例继续输入。

```
>>> n.nAk
('Ux', 'Uy', 'Phz')
>>> n.nBk
('Fx', 'Fy', 'Mz')
>>> n1.nAk
('Ux', 'Uy', 'Uz', 'Phx', 'Phy', 'Phz')
>>> n1.nBk
('Fx', 'Fy', 'Fz', 'Mx', 'My', 'Mz')
```

节点力和位移，默认值均为 0。

```
>>> n.force
{'Fx': 0.0, 'Fy': 0.0, 'Mz': 0.0}
>>> n.disp
{'Phz': 0.0, 'Uy': 0.0, 'Ux': 0.0}
>>> n1.force
{'Fx': 0.0, 'Fy': 0.0, 'Fz': 0.0, 'My': 0.0, 'Mx': 0.0, 'Mz': 0.0}
>>> n1.disp
{'Uy': 0.0, 'Ux': 0.0, 'Uz': 0.0, 'Phz': 0.0, 'Phy': 0.0, 'Phx': 0.0}
```

调用节点对象的 set_force(** forces)方法和 set_disp(** disp)方法设置节点力和位移。

```
>>> n.set_force(Fx =100,Mz =100)
>>> n.force
{'Fx': 100.0, 'Fy': 0.0, 'Mz': 100.0}
>>> n.set_disp(Ux =1,Uy =20)
>>> n.disp
{'Phz': 0.0, 'Uy': 20, 'Ux': 1}
```

需要注意的是，set_force(** forces)和 set_disp(** disp)方法的传入参数为字典 dictionary 类型，其 keys 必须在 nBk 和 nAk 中，即节点力的 keys 必须在 nBk 中，节点位移的 keys 必须在 nAk 中，否则程序就会报错。

```
>>> n.nAk
('Ux', 'Uy', 'Phz')
>>> n.nBk
('Fx', 'Fy', 'Mz')
>>> n.set_force(fy =100)

Traceback (most recent call last):
  File " <pyshell#7 >", line 1, in <module >
    n.set_force(fy =100)
  File "C:\work\mybook\feon\sa\node.py", line 53, in set_force
    raise AttributeError,"Unknow focre name(% r)"% ( forces,)
AttributeError: Unknow focre name({'fy': 100})
```

原因为 key"fy" 不在 nBk 中，Python 对大小写敏感。同时，对同一个节点设置节点力返回结果为累计相加，设置节点位移返回结果为数值替换。再次输入上面的操作。

```
>>> n.set_force(Fx =100,Mz =100)
>>> n.force
{'Fx': 200.0, 'Fy': 0.0, 'Mz': 200.0}
>>> n.set_disp(Ux =10,Uy =1)
>>> n.disp
{'Phz': 0.0, 'Uy': 1, 'Ux': 10}
```

可以看出，调用两次后节点力 Fx 变化为：$0 + 100 + 100 = 200$；节点位移 Ux 变化为 $0 - 1 - 10$。

在有限元分析中，需要设置单元节点自由度，可通过 init_unknowns(* unknowns)方法实现，该方法输入参数为元组，但需要注意的是参数必须在节点的 nAk 中，否则会报错。

```
>>> n.init_unknowns("Ux")
>>> n.disp
{'Phz': 0.0, 'Uy': 0.0, 'Ux': None}
```

节点 n 水平位移 Ux 被定义为未知，或者说该节点有水平方向的平动自由度，例如一维杆单元的节点，Feon 中用 None 类型表示未知数。此外，可以同时定义多个自由度。

```
>>> n1.init_unknowns("Ux","Uy","Uz")
>>> n1.disp
{'Uy': None, 'Ux': None, 'Uz': None, 'Phz': 0.0, 'Phy': 0.0, 'Phx': 0.0}
```

节点 n1 有沿坐标轴三个方向的平动自由度，如三维或空间桁架单元的节点。

如果读者需要进行的是非结构有限元分析，也可以定义属于自己的节点类型，并通过重写 init_keys( )方法重新定义节点的 nAk 和 nBk。

```
>>> from feon.base import NodeBase
#自定义节点类
>>> class NNode(NodeBase):
        def init_keys(self):
            self.set_nAk(("a"))
            self.set_nBk(("b"))
>>> n = NNode(1,2)
>>> n.nAk
'a'
>>> n.nBk
'b'
```

2.4　单元

2.4.1　Feon.base.ElementBase 类

Feon 中有限元分析的单元基类，定义在 Feon.base.py 模块中。其内容如下。

```
class ElementBase(object):
    def __init__(self,nodes):

        #nodes 中的元素必须是 NodeBase 子类对象,否则报错
        for nd in nodes:
            assert issubclass(type(nd),NodeBase),"Must be Node type"

        #初始化单元属性
        self._nodes = nodes
        self._dim = 0
        self._etype = self.__class__.__name__
        self._ID = None
        self._eIk = None
        self._ndof = None #node dof
        self._Ke = None
        self._Me = None
        self._volume = None
        self.init_keys()

    #定义__repr__方法,当交互式访问单元时,打印单元类型 + Element + 节点
    def __repr__(self):
```

```
        return "% s Element: % r"% (self.etype,self.nodes,)


#定义单元索引方法,返回单元节点
def __getitem__(self,key):
    return self._nodes[key]


#定义单元体积,一维单元为长度,二维单元为面积,三维单元为体积
@ property
Def volume(self):
    Return self._voulme


#定义维度
@ property
def dim(self):
    return self.nodes[0].dim


#定义单元信息 keys 属性
@ property
def eIk(self):
    return self._eIk


#定义整体坐标系中的单元刚度矩阵
@ property
def Ke(self):
    return self._Ke


#定义整体坐标系中的单元质量矩阵
@ property
def Me(self):
    return self._Me


#定义节点自由度 node degrees of freedom
@ property
def ndof(self):
    return self._ndof


@ ndof.setter
def ndof(self,val):
    self._ndof = val
```

```python
#定义单元节点
@ property
def nodes(self):
    return self._nodes


#定义单元类型
@ property
def etype(self):
    return self._etype


#定义单元编号
@ property
def ID(self):
    return self._ID


@ ID.setter
def ID(self,etype):
    self._ID = etype


#定义单元节点数量 number of nodes
@ property
def non(self):
    return len(self._nodes)


def init_keys(self):
    pass


#定义刚度矩阵函数
def func(self,x):
    pass


#计算整体坐标系中的刚度矩阵
def calc_Ke(self):
    pass


#设置单元信息 keys
def set_eIk(self,val):
    self._eIk = val
```

```
#获取单元信息 keys
def get_eIk(self):
    return self._eIk

#设置节点自由度
def set_ndof(self,val):
    self._ndof = val

#获取节点自由度
def get_ndof(self):
    return self._ndof

#获取单元类型
def get_element_type(self):
    return self._etype

#获取单元节点
def get_nodes(self):
    return self._nodes
```

2.4.2 Feon.sa.element.StructElement 类

Feon 中结构有限元分析结构单元的基类，定义在 Feon.sa.element.py 模块中，继承于 ElementBase 类。主要属性和方法见表 2.3。

表 2.3　StructElement 类的主要属性和方法统计表

class StructElement		
属性（property）	nodes	tuple、list 或 Numpy.ndarray 类型，单元节点
	dim	int 类型，单元维度，2 或 3
	eIk	list 或 tuple 类型，单元 keys，对应单元信息
	ndof	int 类型，单元节点自由度
	ID	None 或 int 类型，单元编号
	volume	float 类型，单元体积，一维单元返回单元长度，二维单元返回面积
	non	int 类型，单元节点数量
	force	dictionary 类型，单元力
	etype	string 类型，单元类型
	T	Numpy.ndarray 类型，坐标转换矩阵
	B	Numpy.ndarray 类型，单元应变矩阵

（续）

class StructElement		
属性（property）	D	Numpy.ndarray 类型，单元本构矩阵
	ke	Numpy.ndarray 类型，局部坐标系中的单元刚度矩阵
	me	Numpy.ndarray 类型，局部坐标系中的单元质量矩阵
	Ke	Numpy.ndarray 类型，整体坐标系中的单元刚度矩阵
	Me	Numpy.ndarray 类型，整体坐标系中的单元质量矩阵
	t	float 类型，单元厚度，对于板、壳单元
方法（method）	__init__（nodes）	初始化方法，输入节点，计算单元体积
	init_unknowns（*unknows）	定义单元节点自由度
	init_keys（）	初始化单元 keys
	calc_T（）	计算单元坐标转换矩阵
	calc_ke（）	计算局部坐标系中的单元刚度矩阵
	calc_Ke（）	计算整体坐标系中的单元刚度矩阵
	calc_me（）	计算局部坐标系中的单元质量矩阵
	calc_Me（）	计算整体坐标系中的单元质量矩阵
	evaluate（）	通过节点位移计算单元力
	load_equivalent（ltype，val）	分布荷载等效为节点荷载方法，目前仅支持梁单元

类定义如下。

```
#继承 ElementBase 类
class StructElement(ElementBase):
    def __init__(self,nodes):

        #调用 ElementBase 类的初始化方法
        ElementBase.__init__(self,nodes)

        #调用 init_nodes(nodes)和 init_unknowns()方法
        self.init_nodes(nodes)
        self.init_unknowns()

        #默认单元力数值为 0
        self._force = dict.fromkeys(self.eIk,0.)

        #默认单元密度为 2
        self.dens = 2.

        #默认单元厚度为 1
```

```
        self.t =1.

#计算一维单元长度 volume,如果是板、壳单元,该方法需要重写
def init_nodes(self,nodes):
    v = np.array(nodes[0].coord) - np.array(nodes[1].coord)
    le = np.linalg.norm(v)
    self._volume = le

#初始化单元 keys
def init_keys(self):

    #默认二维单元为"N","Ty","Mz"
    if self.dim == 2:
        self.set_eIk(("N","Ty","Mz"))

    #默认三维单元为"N","Ty","Tz","Mx","My","Mz"
    if self.dim == 3:
        self.set_eIk(("N","Ty","Tz","Mx","My","Mz"))

def init_unknowns(self):
    pass

#定义应变矩阵 B
@ property
def B(self):
    return self._B

#定义本构矩阵 D
@ property
def D(self):
    return self._S

#定义坐标转换矩阵 T
@ property
def T(self):
    return self._T

#定义局部坐标系中的单元质量矩阵 me
@ property
def me(self):
```

```
        return self._me

#定义局部坐标系中的单元刚度矩阵 ke
@ property
def ke(self):
    return self._ke

#定义单元力
@ property
def force(self):
    return self._force

#定义单元轴应力,针对杆单元
@ property
def sx(self):
    sx = self._force[self.eIk[0]]/self.A
    return sx

#计算局部坐标系中的单元刚度矩阵 ke
def calc_ke(self):
    pass

#计算局部坐标系中的单元质量矩阵 me
def calc_me(self):
    pass

#计算单元坐标转换矩阵 T
def calc_T(self):
    pass
```

#计算整体坐标系中的单元刚度矩阵 Ke, $K_e = tT^T k_e T$

```
def calc_Ke(self):
    self.calc_T()
    self.calc_ke()
    self._Ke = self.t * np.dot(np.dot(self.T.T,self.ke),self.T)
```

#计算整体坐标系中的单元质量矩阵 Me, $M_e = tT^T m_e T$

```
def calc_Me(self):
    self.calc_T()
    self.calc_me()
```

```
    self._Me = self.t *np.dot(np.dot(self.T.T,self.me),self.T)

#通过节点位移计算单元力,f_e = TK_eU_e
def evaluate(self):
    u = np.array([[nd.disp[key] for nd in self.nodes for key in nd.nAk[:
self.ndof]]])
    self._undealed_force = np.dot(self.T,np.dot(self.Ke,u.T))
    self.distribute_force()

def distribute_force(self):
    n = len(self.eIk)
    for i,val in enumerate(self.eIk):
        self._force[val] += self._undealed_force[i::n]

#荷载节点等效
def load_equivalent(self,ltype,val):
    raise NotImplementedError
```

📢 需要注意的是，部分属性和方法在定义具体单元时重写，参考第 3 章。

以上程序结合以下实例学习，在 IDLE 中举例如下。

```
>>> from feon.sa import *
```

创建两个节点。

```
>>> n1 = Node(1,2)
>>> n2 = Node(1,3)
```

创建一个结构单元。

```
>>> e1 = StructElement((n1,n2))
>>> e1
StructElement Element:(Node:(1.0,2.0),Node:(1.0,3.0))
>>> e1.nodes
(Node:(1.0,2.0),Node:(1.0,3.0))
```

nodes 属性返回单元节点，类型为列表 list、元组 tuple 或 Numpy. ndarray，取决于输入的类型。

```
>>> e2 = StructElement([n1,n2])
>>> e2.nodes
[Node:(1.0, 2.0), Node:(1.0, 3.0)]
>>> from numpy as np
>>> e3 = StructElement(np.array([n1,n2]))
>>> e3
StructElement Element: array([Node:(1.0, 2.0), Node:(1.0, 3.0)], dtype = object)
```

通过索引单元的 nodes 属性可获取节点。

```
>>> e1.nodes[0]
Node:(1.0, 2.0)
```

也可以通过索引单元来获取节点。

```
>>> e1[0]
Node:(1.0, 2.0)
>>> e1[1]
Node:(1.0, 3.0)
```

在访问单元或节点编号时，返回类型为 NoneType，原因为 Feon 中的单元和节点只有在加入到有限元系统时才会进行编号，介绍 System 类时会详细说明。

```
>>> e1.ID
>>> type(e1.ID)
< type 'NoneType' >
```

读者可以通过继承 StructElement 类定义所需要的结构单元类型，第 3 章将会介绍如何定义单元。现以 Feon 自带的几种结构单元介绍其他属性和方法。接着上例输入。

```
>>> E = 210e6
>>> A = 0.004
>>> e2 = Link2D11((n1,n2),E,A)
>>> e2
Link2D11 Element: (Node:(1.0, 2.0), Node:(1.0, 3.0))
```

Link2D11 是 Feon 中的二维杆单元（或平面桁架单元），除输入节点信息参数外，还需要输入材料弹性模量 E 和杆截面面积 A。

需要注意的是，Feon 中单元的命名规则为：名称 + 维度 + 次 + 性质，比如 Link2D11 表示为二维一次弹性杆单元。同理，Beam3D11 表示三维一次弹性梁单元。

访问 etype 属性返回单元名称。

```
>>> e2.etype
'Link2D11'
```

接着上例，比如定义一个新的单元 NElement，继承于 StructElement 类，访问 etype 属性会发现。

```
>>> class NElement(StructElement):
        pass
>>> e3 = NElement((n1,n2))
>>> e3
NElement Element: (Node:(1.0,2.0),Node:(1.0,3.0))
>>> e3.etype
'NElement'
```

访问单元属性 E、A、volume、ndof（node degree of freedom）和 non（number of nodes）属性返回杆单元弹性模量、截面面积、长度、单元节点自由度、以及单元节点数量。

```
>>> e2.E
210000000.0
>>> e2.A
0.004
>>> e2.volume
1.0
>>> e2.ndof
2
>>> e2.non
2
```

单元 eIk（element information keys）属性对应的是单元力信息的 keys。

```
>>> e2.eIk
['N']
```

定义一个二维梁单元，还需输入一个新的参数梁截面惯性矩 I。

```
>>> e3 = Beam2D11((n1,n2),E,A,I = 1)
>>> e3.eIk
('N', 'Ty', 'Mz')
```

二维杆单元对应的单元 keys 为轴力 N。梁单元对应的 keys 为轴力 N、剪力 Ty 和弯矩 Mz。单元的 force 属性返回单元力的 keys 和 values 一一对应，默认初始值均为 0。

```
>>> e2.force
{'N': 0.0}
>>> e3.force
{'Ty': 0.0, 'Mz': 0.0, 'N': 0.0}
```

调用 calc_T( )、calc_ke 和 calc_Ke( )方法分别计算单元坐标转换矩阵、局部坐标系中的单元刚度矩阵和整体坐标系中的单元刚度矩阵。

```
>>> e2.calc_T()
>>> e2.T
array([[ 0., 1., 0., 0.],
       [ 0., 0., 0., 1.]])
>>> e2.calc_ke()
>>> e2.ke
array([[ 840000., -840000.],
       [ -840000., 840000.]])
>>> e2.calc_Ke()
>>> e2.Ke
array([[     0.,      0.,      0.,      0.],
       [     0., 840000.,      0., -840000.],
       [     0.,      0.,      0.,      0.],
       [     0., -840000.,      0., 840000.]])
```

对于梁单元，调用 load_equivalent（ltype，val）方法可将梁单元上施加的分布荷载等效到节点上。

```
>>> from feon.sa import *
>>> E = 210e6
>>> A = 0.005
>>> I = 10e-5
>>> n1 = Node(1,2)
>>> n2 = Node(1,3)
>>> e1 = Beam2D11((n1,n2),E,A,I)
>>> e1
Beam2D11 Element: (Node:(1.0, 2.0), Node:(1.0, 3.0))
>>> e1.load_equivalent("q",10)
array([[ -5.        ],
       [ 0.        ],
       [ 0.83333333],
       [ -5.        ],
       [ 0.        ],
       [ -0.83333333]])
```

```
>>> e1.load_equivalent("tri",10)
array([[ -1.5       ],
       [ 0.        ],
       [ 0.33333333],
       [ -3.5       ],
       [ 0.        ],
       [ -0.5       ]])
```

二维梁单元的 load_equivalent(ltype,val) 方法输入两个参数，分布荷载类型 ltype 和荷载数值 val，返回为单元节点 nBk 的值，如 0.883 和 − 0.883 对应的就是单元 e1 节点 nodes[0] 和 nodes[1] 的弯矩值 Mz。Feon 目前支持均布荷载" q"和三角形荷载" tri"，读者可以通过重写 element. py 模块中的_calc_element_load_for_2d_beam( ) 函数和_calc_element_load_for_3d_beam( ) 函数来添加更多的荷载类型。而三维梁单元的 val 值是二维列表 list 或元组 tuple 类型，分别表示沿局部坐标系中 y 方向和 z 方向的荷载值。

```
>>> E = 210e6
>>> A = 0.005
>>> I = [20e − 5,10e − 5,50e − 5]
>>> G = 84e6
>>> n3 = Node(1,0,0)
>>> n4 = Node(2,0,0)
>>> e2 = Beam3D11((n3,n4),E,G,A,I)
>>> e2
Beam3D11 Element: (Node:(1.0,0.0,0.0), Node:(2.0,0.0,0.0))
>>> e2.load_equivalent("q",(10,0))
array([[ 0.        ],
       [ 5.        ],
       [ 0.        ],
       [ 0.        ],
       [ 0.        ],
       [ 0.83333333],
       [ 0.        ],
       [ 5.        ],
       [ 0.        ],
       [ 0.        ],
       [ 0.        ],
       [ -0.83333333]])
>>> e2.load_equivalent("q",(10,10))
array([[ 0.        ],
       [ 5.        ],
       [ 5.        ],
```

```
[ 0.         ],
[ 0.83333333],
[ 0.83333333],
[ 0.         ],
[ 5.         ],
[ 5.         ],
[ 0.         ],
[ -0.83333333],
[ -0.83333333]])
```

三维梁单元较之二维梁单元需更多的输入参数，分别为截面剪切模量 G 和 $I = [I_x, I_y, I_z]$，I_x、I_y、I_z 分别为梁单元在局部坐标系中沿 x、y、z 轴的截面惯性矩。

2.4.3 Feon.sa.element.SoildElement 类

Feon 中结构有限元分析实体单元基类，定义在 Feon.sa.element.py 模块中，继承于 ElementBase 类。其主要属性和方法见表 2.4。

表 2.4 SoildElement 类的主要属性和方法统计表

		class SoildElement	
属性（property）		nodes	tuple、list 或者 Numpy.ndarray 类型，单元节点
		dim	int 类型，单元维度，2 或 3
		eIk	list 或 tuple 类型，单元 keys
		ndof	int 类型，单元节点自由度
		ID	int 类型，单元编号
		volume	float 类型，单元面积或体积
		non	int 类型，单元节点数量
		stress	dictionary 类型，单元应力，对应结构单元中的 force 属性
		etype	string 类型，单元类型
		D	Numpy.ndarray 类型，单元本构矩阵
		B	Numpy.ndarray 类型，单元应变矩阵
		Ke	Numpy.ndarray 类型，单元刚度矩阵
		Me	Numpy.ndarray 类型，单元质量矩阵
方法（method）		__init__（nodes)	初始化方法，输入节点，计算单元面积或体积
		init_unknowns（*unknows)	定义单元节点自由度
		init_keys( )	初始化单元 keys
		calc_D( )	计算单元本构矩阵
		calc_B( )	计算单元应变矩阵
		calc_Ke( )	计算单元刚度矩阵
		evaluate( )	通过节点位移计算单元应力

类定义如下。

```
#继承于 ElementBase 类
class SoildElement(ElementBase):
    def __init__(self,nodes):
        ElementBase.__init__(self,nodes)

        #调用单元的设置自由度方法
        self.init_unknowns()

        #初始化单元应力,默认为 0
        self._stress = dict.fromkeys(self.eIk,0.)

        #调用初始化节点信息方法
        self.init_nodes(nodes)
        self.t =1

    #初始化节点信息,计算单元面积或体积
    def init_nodes(self,nodes):
        pass

    #设置单元节点自由度
    def init_unknowns(self):
        pass

    #定义应变矩阵 B
    @ property
    def B(self):
        return self._B

    #定义本构矩阵 D
    @ property
    def D(self):
        return self._D

    #定义局部坐标系中的单元刚度矩阵 ke
    @ property
    def ke(self):
        return self._ke
```

```python
#定义局部坐标系中的单元质量矩阵 me
@ property
def me(self):
    return self._me


#定义单元应力,对应于 StructElement 中的 force 属性
@ property
def stress(self):
    return self._stress


#计算应变矩阵 B
def calc_B(self):
    pass


#计算整体坐标系中的刚度矩阵 Ke, Ke = B^T DB
def calc_Ke(self):
    self.calc_B()
    self.calc_D()
    self._Ke = self.t * self.volume * np.dot(np.dot(self.B.T,self.D),self.B)


#通过节点位移计算单元应力, fe = DBUe
def evaluate(self):
    u = np.array([[nd.disp[key] for nd in self.nodes for key in nd.nAk[:
self.ndof]]])
    self._undealed_stress = np.dot(np.dot(self.D,self.B),u.T)
    self.distribute_stress()


def distribute_stress(self):
    n = len(self.eIk)
    for i,val in enumerate(self.eIk):
        self._stress[val] += self._undealed_stress[i::n]


def load_equivalent(self,ltype,val):
    raise NotImplementedError
```

📢 需要注意的是，部分属性和方法在定义具体单元时重写，参考第 3 章。

　　SoildElement 类与 StructElement 类的属性和方法较多重复，仅介绍不同之处。Feon 中自带一次三角形实体单元 Tri2D11S（S 表示平面应力问题）和四面体实体单元 Tetra3D11。除需输

入节点信息外，前者还需要输入材料弹性模量 E、泊松比 μ 及单元厚度 t；后者只需输入弹性模量 E 和泊松比 μ。

以上代码结合以下实例学习。

（1）定义材料参数。

```
>>> E = 210e6
>>> nu = 0.3
>>> t = 0.025
```

（2）创建节点。

```
>>> n1 = Node(0,0)
>>> n2 = Node(0.5,0)
>>> n3 = Node(0.5,0.25)
>>> n4 = Node(0,0.25)
>>> n5 = Node(0,0,0)
>>> n6 = Node(0.025,0,0)
>>> n7 = Node(0.025,0.5,0)
>>> n8 = Node(0.025,0,0.25)
```

（3）创建单元。

```
>>> e1 = Tri2D11S((n1,n3,n4),E,nu,t)
>>> e2 = Tri2D11S((n1,n2,n3),E,nu,t)
>>> e3 = Tetra3D11((n5,n6,n7,n8),E,nu)
>>> e1
Tri2D11S Element: (Node:(0.0, 0.0), Node:(0.5, 0.25), Node:(0.0, 0.25))
>>> e2
Tri2D11S Element: (Node:(0.0, 0.0), Node:(0.5, 0.0), Node:(0.5, 0.25))
>>> e3
Tetra3D11 Element: (Node:(0.0, 0.0, 0.0), Node:(0.025, 0.0, 0.0), Node:(0.025,
0.5, 0.0), Node:(0.025, 0.0, 0.25))
>>> e1[2]
Node:(0.0, 0.25)
```

（4）访问单元 volume 属性可获取三角形单元的面积和四面体单元的体积。

```
>>> e2.volume
0.0625
>>> e3.volume
0.00052083333333333343
```

（5）单元 eIk 属性对应的是单元应力的 keys，stress 属性对应于结构单元中的 force 属性，均为字典 dictionary 类型。

```
>>>e2.eIk
('sx', 'sy', 'sxy')
>>>e3.eIk
('sx', 'sy', 'sz', 'sxy', 'syz', 'szx')
>>>e2.stress
{'sxy': 0.0, 'sy': 0.0, 'sx': 0.0}
>>>e3.stress
{'sz': 0.0, 'sy': 0.0, 'sx': 0.0, 'szx': 0.0, 'sxy': 0.0, 'syz': 0.0}
```

sx、sy、sz、sxy、syz 及 szx 分别代表单元的正应力和剪应力。

（6）通过调用 calc_B( )、calc_D 和 calc_Ke( ) 方法获单元的应变矩阵 B、本构矩阵 D，以及整体坐标系中的刚度矩阵 Ke。

```
>>>e1.calc_B()
>>>e1.B
array([[ 0.,  0.,  2.,  0., -2.,  0.],
       [ 0., -4.,  0.,  0.,  0.,  4.],
       [-4.,  0.,  0.,  2.,  4., -2.]])
>>>e2.calc_D()
>>>e2.D
array([[ 2.30769231e+08,  6.92307692e+07,  0.00000000e+00],
       [ 6.92307692e+07,  2.30769231e+08,  0.00000000e+00],
       [ 0.00000000e+00,  0.00000000e+00,  8.07692308e+07]])
>>>e3.calc_Ke()
>>>e3.Ke
array([[ 2.35576923e+08,  0.00000000e+00,  0.00000000e+00,
        -2.35576923e+08,  5.04807692e+06,  1.00961538e+07,
         0.00000000e+00, -5.04807692e+06,  0.00000000e+00,
         0.00000000e+00,  0.00000000e+00, -1.00961538e+07],
       [ 0.00000000e+00,  6.73076923e+07,  0.00000000e+00,
         3.36538462e+06, -6.73076923e+07,  0.00000000e+00,
        -3.36538462e+06,  0.00000000e+00,  0.00000000e+00,
         0.00000000e+00,  0.00000000e+00,  0.00000000e+00],
       [ 0.00000000e+00,  0.00000000e+00,  6.73076923e+07,
         6.73076923e+06,  0.00000000e+00, -6.73076923e+07,
         0.00000000e+00,  0.00000000e+00,  0.00000000e+00,
```

```
        -6.73076923e+06,   0.00000000e+00,   0.00000000e+00],
      [ -2.35576923e+08,   3.36538462e+06,   6.73076923e+06,
         2.36418269e+08,  -8.41346154e+06,  -1.68269231e+07,
        -1.68269231e+05,   5.04807692e+06,   0.00000000e+00,
        -6.73076923e+05,   0.00000000e+00,   1.00961538e+07],
      [  5.04807692e+06,  -6.73076923e+07,   0.00000000e+00,
        -8.41346154e+06,   6.85697115e+07,   8.41346154e+05,
         3.36538462e+06,  -5.88942308e+05,  -3.36538462e+05,
         0.00000000e+00,  -6.73076923e+05,  -5.04807692e+05],
      [  1.00961538e+07,   0.00000000e+00,  -6.73076923e+07,
        -1.68269231e+07,   8.41346154e+05,   6.98317308e+07,
         0.00000000e+00,  -5.04807692e+05,  -1.68269231e+05,
         6.73076923e+06,  -3.36538462e+05,  -2.35576923e+06],
      [  0.00000000e+00,  -3.36538462e+06,   0.00000000e+00,
        -1.68269231e+05,   3.36538462e+06,   0.00000000e+00,
         1.68269231e+05,   0.00000000e+00,   0.00000000e+00,
         0.00000000e+00,   0.00000000e+00,   0.00000000e+00],
      [ -5.04807692e+06,   0.00000000e+00,   0.00000000e+00,
         5.04807692e+06,  -5.88942308e+05,  -5.04807692e+05,
         0.00000000e+00,   5.88942308e+05,   0.00000000e+00,
         0.00000000e+00,   0.00000000e+00,   5.04807692e+05],
      [  0.00000000e+00,   0.00000000e+00,   0.00000000e+00,
         0.00000000e+00,  -3.36538462e+05,  -1.68269231e+05,
         0.00000000e+00,   0.00000000e+00,   1.68269231e+05,
         0.00000000e+00,   3.36538462e+05,   0.00000000e+00],
      [  0.00000000e+00,   0.00000000e+00,  -6.73076923e+06,
        -6.73076923e+05,   0.00000000e+00,   6.73076923e+06,
         0.00000000e+00,   0.00000000e+00,   0.00000000e+00,
         6.73076923e+05,   0.00000000e+00,   0.00000000e+00],
      [  0.00000000e+00,   0.00000000e+00,   0.00000000e+00,
         0.00000000e+00,  -6.73076923e+05,  -3.36538462e+05,
         0.00000000e+00,   0.00000000e+00,   3.36538462e+05,
         0.00000000e+00,   6.73076923e+05,   0.00000000e+00],
      [ -1.00961538e+07,   0.00000000e+00,   0.00000000e+00,
         1.00961538e+07,  -5.04807692e+05,  -2.35576923e+06,
         0.00000000e+00,   5.04807692e+05,   0.00000000e+00,
         0.00000000e+00,   0.00000000e+00,   2.35576923e+06]])
```

2.5　系统

2.5.1　Feon.base.SystemBase 类

Feon 中有限元分析的系统基类，定义在 Feon.base.py 模块中。定义如下。

```python
class SystemBase(object):
    def __init__(self):

        #节点信息,字典存储
        self.nodes = {}

        #单元信息,字典存储
        self.elements = {}

        #系统最大节点自由度
        self._mndof = None

        #系统 nAk 和 nBk
        self._nAk = None
        self._nBk = None

        #系统维度
        self._dim = 0

    #定义系统最大节点自由度
    @property
    def mndof(self):
        return self._mndof

    #定义系统维度
    @property
    def dim(self):
        return self._dim

    #定义系统 nAk 和 nBk
    @property
    def nAk(self):
```

```
        return self._nAk
    @ property
    def nBk(self):
        return self._nBk


    #定义系统节点数量,number of nodes
    @ property
    def non(self):
        return len(self.nodes)


    #定义系统单元数量,number of elements
    @ property
    def noe(self):
        return len(self.elements)


    #将单个节点加入到系统并进行编号
    def add_node(self,node):
        assert issubclass(type(node),NodeBase),"Must be Node type"
        n = self.non
        if node.ID is None:
            node.ID = n
        self.nodes[node.ID] = node


    #将单个单元加入到系统并进行编号
    def add_element(self,element):
        assert issubclass(type(element),ElementBase),"Must be Element type"
        n = self.noe
        if element.ID is None:
            element.ID = n
        self.elements[element.ID] = element


    #将多个节点加入到系统并进行编号
    def add_nodes(self, * nodes):
        for nd in nodes:
            if isinstance(nd,list) or isinstance(nd,tuple) or isinstance(nd,
np.ndarray):
                for n in nd:
                    self.add_node(n)
```

```
        else:
            self.add_node(nd)

#将多个单元加入到系统并进行编号
def add_elements(self, * els):
    for el in els:
        if isinstance(el,list) or isinstance(el,tuple) or isinstance(el,
np.ndarray):
            for e in el:
                self.add_element(e)
        else:
            self.add_element(el)

#初始化方法
def init(self):
    pass

#组装单元刚度矩阵
def calc_KG(self):
    pass

#组装单元质量矩阵
def calc_MG(self):
    pass

#获取系统节点,返回节点列表
def get_nodes(self):
    return self.nodes.values()

#获取系统单元,返回单元列表
def get_elements(self):
    return self.elements.values()
```

以上部分程序将在 2.5.2 节至 2.5.7 节中详细介绍。

2.5.2　Feon.sa.system.System 类

Feon 中结构有限元分析系统类，定义在 Feon.sa.system.py 模块中，继承于 SystemBase 类。其主要属性和方法见表 2.5。

表2.5 System 类的主要属性和方法统计表

class System		
属性（property）	nodes	dictionary 类型，系统节点
	elements	dictionary 类型，系统单元
	dim	int 类型，系统维度，2 或 3
	nAk	list 或 tuple 类型，系统节点位移 keys
	nBk	list 或 tuple 类型，系统节点力 keys
	mndof	int 类型，系统中节点的最大自由度
	non	int 类型，系统节点数量
	noe	int 类型，系统单元数量
	Force	list 类型，系统节点力，元素为字典类型
	Disp	list 类型，系统节点位移，元素为字典类型
	ForceValue	list 类型，系统节点力列阵
	DispValue	list 类型，系统节点位移列阵
	KG	Numpy.ndarray 类型，总体刚度矩阵
	KG_keeped	Numpy.ndarray 类型，处理后的总体刚度矩阵
	MG	Numpy.ndarray 类型，总体质量矩阵
	MG_ keeped	Numpy.ndarray 类型，处理后的总体质量矩阵
	Force_ keeped	Numpy.ndarray 类型，处理后的节点力列阵
	Disp_ keeped	Numpy.ndarray 类型，求解方程组获得的节点位移列阵
	deleted	list 类型，被删除的节点位移在 DistValue 中的索引
	keeped	list 类型，保留的节点位移在 DistValue 中的索引
	nonzeros	位移不为零的节点位移在 DispValue 中的索引及其位移数值
方法（method）	add_node(node)	向系统中添加单个节点并进行编号
	add_nodes(* nodes)	向系统中添加多个节点并进行编号
	add_element(element)	向系统中添加单个单元并进行编号
	add_elements(* elements)	向系统中添加多个单元并进行编号
	init( )	系统初始化方法，计算系统 mndof、nAk、nBk、dim
	calc_KG( )	计算总体刚度矩阵
	calc_MG( )	计算总体质量矩阵
	add_node_force(nid, ** forces)	施加节点力

（续）

	class System	
	add_node_disp(nid, ** disp)	施加节点位移
	add_element_load(eid, ltype, val)	对单元施加分布荷载，目前仅支持梁单元
	add_fixed_sup(* nids)	向系统添加固定支座
	add_hinged_sup(* nids)	向系统添加铰支座
	add_roolled_sup(nid, direction)	向系统添加滚动支座
方法（method）	calc_deleted_KG_matrix()	处理总体刚度矩阵
	calc_deleted_MG_matrix()	处理总体质量矩阵
	check_boundary_condition(KG)	检查边界条件，并对位移边界条进行处理
	check_deleted_KG_matrix()	检查处理后的总体刚度矩阵
	check_deleted_MG_matrix()	检查处理后的总体质量矩阵
	solve(model)	求解系统
	get_nodes()	获取系统的节点信息
	get_elements()	获取系统的单元信息

类定义如下。

```
#继承 Feon.base.SystemBase
class System(SystemBase):
    def __init__(self):

        #调用基类的 __init__() 方法
        SystemBase.__init__(self)

        #初始化属性
        self._Force = {}
        self._Disp = {}
        self._is_inited = False
        self._is_force_added = False
        self._is_disp_added = False
        self._is_system_solved = False

    def __repr__(self):
        return "% dD System: \nNodes: % d \nElements: % d" \
            % (self.dim, self.non, self.noe,)
```

```python
#定义系统节点力,字典储存
@ property
def Force(self):
    return self._Force

#定义系统节点位移,字典储存
@ property
def Disp(self):
    return self._Disp

#定义系统节点位移列阵,列表存储
@ property
def DispValue(self):
    return self._DispValue

#定义系统节点力列阵,列表存储
@ property
def ForceValue(self):
    return self._ForceValue

#定义系统总体刚度矩阵
@ property
def KG(self):
    return self._KG

#定义系统总体质量矩阵
@ property
def MG(self):
    return self._MG

#定义处理后的系统总体刚度矩阵
@ property
def KG_keeped(self):
    return self._KG_keeped

#定义处理后的系统总体质量矩阵
@ property
def MG_keeped(self):
    return self._MG_keeped
```

```
#定义处理过的系统节点力值列阵,列表存储
@ property
def Force_keeped(self):
    return self._Force_keeped


#定义求解线性方程组得到的系统节点位移值列阵
@ property
def Disp_keeped(self):
    return self._Disp_keeped


#定义被删除的节点位移在系统节点位移列阵 DispValue 中的索引
@ property
def deleted(self):
    return self._deleted


#定义保留的节点位移在系统节点位移列阵 DispValue 中的索引
@ property
def keeped(self):
    return self._keeped


#定义位移不为零的节点位移在系统节点位移列阵 DispValue 中的索引及其位移数值
@ property
def nonzeros(self):
    return self._nonzeros


#初始化系统 mndof、nAk、nBk 及 dim
def init(self):
    self._mndof = max(el.ndof for el in self.get_elements())
    self._nAk = self.nodes.values()[0].nAk[:self.mndof]
    self._nBk = self.nodes.values()[0].nBk[:self.mndof]
    self._dim = self.nodes.values()[0].dim


#计算系统总体刚度矩阵,仅 7 行实现混合单元系统刚度矩阵组装
def calc_KG(self):
    self.init()
    n = self.non
    m = self.mndof
    shape = n * m
    self._KG = np.zeros((shape,shape))
```

```
        for el in self.get_elements():
            ID = [nd.ID for nd in el.nodes]
            el.calc_Ke()
            M = el.ndof
            for N1,I in enumerate(ID):
                for N2,J in enumerate(ID):
                    self._KG[m * I:m * I + M,m * J:m * J + M] += el.Ke[M * N1:M * (N1 +1),
M * N2:M * (N2 +1)]


        self._is_inited = True


    #计算系统总体质量矩阵
    def calc_MG(self):
        self.init()
        n = self.non
        m = self.mndof
        shape = n * m
        self._MG = np.zeros((shape,shape))
        for el in self.get_elements():
            ID = [nd.ID for nd in el.nodes]
            el.calc_Me()
            M = el.ndof
            for N1,I in enumerate(ID):
                for N2,J in enumerate(ID):
                    self._MG[m * I:m * I + M,m * J:m * J + M] += el.Me[M * N1:M * (N1 +1),
M * N2:M * (N2 +1)]


    #施加单元分布荷载
    def add_element_load(self,eid,ltype,val):
        if not self._is_inited:
            self.calc_KG()
        assert eid <= self.noe,"Element does not exist"


        B = self.elements[eid].load_equivalent(ltype = ltype,val = val)


        self._is_force_added = True


    #施加节点力
    def add_node_force(self,nid, ** forces):
        if not self._is_inited:
```

```
        self.calc_KG()

    assert nid +1  <= self.non,"Element does not exist"
    for key in forces.keys():
        assert key in self.nBk,"Check if the node forces applied are correct"

    self.nodes[nid].set_force( ** forces)
    self._is_force_added = True


#施加节点位移
def add_node_disp(self,nid, ** disp):
    if not self._is_inited:
        self.calc_KG()
    assert nid +1  <= self.non,"Element does not exist"
    for key in disp.keys():
        assert key in self.nAk,"Check if the node disp applied are correct"
    self.nodes[nid].set_disp( ** disp)
    val = disp.values()
    if len(val):
        self._is_disp_added = True


#向系统添加固定支座
def add_fixed_sup(self, * nids):
    if not self._is_inited:
        self.calc_KG()
    for nid in nids:
        if isinstance(nid,list) or isinstance(nid,tuple) or isinstance(nid,
np.ndarray):
            for n in nid:
                for key in self.nAk:
                    self.nodes[n]._disp[key] = 0.
        else:
            for key in self.nAk:
                self.nodes[nid]._disp[key] = 0.


#向系统添加固定铰支座
def add_hinged_sup(self, * nids):
    if not self._is_inited:
        self.calc_KG()
    for nid in nids:
```

```python
        if isinstance(nid,list) or isinstance(nid,tuple) or isinstance(nid,
np.ndarray):
            for n in nid:
                for key in self.nAk[:-1]:
                    self.nodes[n]._disp[key] = 0.
        else:
            for key in self.nAk[:-1]:
                self.nodes[nid]._disp[key] = 0.
```

#向系统添加滚动支座

```python
    def add_rolled_sup(self,nid,direction = "x"):
        if not self._is_inited:
            self.calc_KG()

        if self.dim == 2:
            assert direction in ["x","y"],"Support dirction is x,y"
            if direction is "x":
                self.nodes[nid].set_disp(Ux = 0.)

            elif direction is "y":
                self.nodes[nid].set_disp(Uy = 0.)

        elif self.dim == 3:
            assert direction in ["x","y","z"],"Support dirction is x,y,and z"
            if direction is "x":
                self.nodes[nid].set_disp(Ux = 0.)
            elif direction is "y":
                self.nodes[nid].set_disp(Uy = 0.)
            elif direction is "z":
                self.nodes[nid].set_disp(Uz = 0.)
```

#处理总体刚度矩阵

```python
    def calc_deleted_KG_matrix(self):
        self._Force = [nd.force for nd in self.get_nodes()]
        self._Disp = [nd.disp for nd in self.get_nodes()]
        self._ForceValue = [val[key] for val in self.Force for key in self.nBk]
        self._DispValue = [val[key] for val in self.Disp for key in self.nAk]
        self._deleted = [row for row,val in enumerate(self.DispValue) if val is
not None]
        self._keeped = [row for row,val in enumerate(self.DispValue) if val is
None]
```

```
        if self._is_disp_added:
            self.check_boundary_condition()

        self._Force_keeped = np.delete(self._ForceValue,self._deleted,0)
        self._KG_keeped = np.delete(np.delete(self._KG,self._deleted,0),self._
deleted,1)

    #处理总体质量矩阵
    def calc_deleted_MG_matrix(self):
        self._MG_keeped = np.delete(np.delete(self._MG,self._deleted,0),self._
deleted,1)


    #检查处理后的系统总体刚度矩阵
    def check_deleted_KG_matrix(self):
        count = 0
        shape = self.KG_keeped.shape
        for i in xrange(shape[0]):
            if np.all(self.KG_keeped[i,:] == 0.):
                count += 1
        assert count == 0,"Check your bound conditions or system make sure it can
be solved"


    #检查边界条件
    def check_boundary_condition(self,KG):
        self._nonzeros = [(row,val) for row,val in enumerate(self.DispValue) if
val]
        if len(self.nonzeros):
            for i,val in self.nonzeros:
                for j in self.keeped:
                    self._ForceValue[j] -= KG[i,j] * val


    #检查处理后的系统总体质量矩阵
    def check_deleted_MG_matrix(self):
        count = 0
        shape = self.MG_keeped.shape
        for i in xrange(shape[0]):
            if np.all(self.MG_keeped[i,:] == 0.):
                count += 1
        assert count == 0,"Check your bound conditions or system make sure it can
be solved"
```

```
#求解系统,默认调用静力弹性计算函数
def solve(self,model = "static_elastic"):
    eval("solve" + "_" + model)(self)
```

Feon. sa. syste. System 类的定义实现了有限元分析的一般过程，部分程序将在下面小节具体解释说明。

例2.6　求解图 2.19 所示的杆系统。已知材料弹性模量 $E = 210\text{GPa}$，杆截面面积 $A = 0.003\text{m}^2$，节点 2 处施加向右为 0.002m 的节点位移。

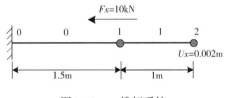

图 2.19　一维杆系统

在 IDLE 中导入 Feon.sa 中的对象。

```
>>> from feon.sa import *
```

定义杆的材料参数。

```
>>> E = 210e6
>>> A = 0.003
```

创建节点，将杆单元离散为 3 个节点 n0、n1、n2，坐标分别为（0，0）、（1.5，0）、（2.5，0）。

```
>>> n0 = Node(0,0)
>>> n1 = Node(1.5,0)
>>> n2 = Node(2.5,0)
```

创建单元，将三个节点组成 2 个 Link1D11 单元 e0、e1，Link1D11 为 Feon 中自带的一维杆单元。

```
>>> e0 = Link1D11((n0,n1),E,A)
>>> e1 = Link1D11((n1,n2),E,A)
```

创建一个有限元系统。

```
>>> s = System()
```

向系统中添加节点 n0、n1、n2。

```
>>> s.add_nodes(n0,n1,n2)
```

向系统中添加单元 e0、e1。

```
>>> s.add_elements(e0,e1)
```

施加边界条件，将 n0 节点固定。

```
>>> s.add_fixed_sup(n0.ID)
```

施加节点力，在 n1 节点施加 x 负方向的力。

```
>>> s.add_node_force(1,Fx = -10)
```

施加节点位移，在节点 n2 施加正方向的节点位移。

```
>>> s.add_node_disp(2,Ux = 0.002)
```

求解系统。

```
>>> s.solve()
```

查看系统信息并访问其 dim 属性。

```
>>> s
2D System:
Nodes: 3
Elements: 2
>>> s.dim
2
```

📢 需要注意的是，Feon 中节点坐标至少为二维，所以在求解一维问题时，确保各点有一个相同的坐标，即各点或者 x 坐标相等，或者 y 坐标相等。

计算完成后查看结果。访问节点对象的 disp 属性获取计算完成后的节点位移。

```
>>> n0.disp
{'Phz': 0.0, 'Uy': 0.0, 'Ux': 0.0}
>>> n1.disp
{'Phz': 0.0, 'Uy': 0.0, 'Ux': 0.0011904761904761904}
```

```
>>> n2.disp
{'Phz': 0.0, 'Uy': 0.0, 'Ux': 0.002}
```

可以直接获取水平位移 Ux。

```
>>> n0.disp["Ux"]
0.0
>>> n1.disp["Ux"]
0.0011904761904761904
>>> n2.disp["Ux"]
0.002
```

还可以批量获取水平位移 Ux。

```
>>> Ux = [nd.disp["Ux"] for nd in [n0,n1,n2]]
>>> Ux
[0.0, 0.0011904761904761904, 0.002]
```

访问单元 Link1D11 对象的 force 属性获取单元力。

```
>>> e0.force
{'N': array([[ -500.],
        [ 500.]])}
>>> e1.force
{'N': array([[ -510.],
        [ 510.]])}
```

直接获取轴力 N。

```
>>> e0.force["N"]
array([[ -500.],
      [ 500.]])
>>> e1.force["N"]
array([[ -510.],
      [ 510.]])
```

批量获取轴力 N。

```
>>> N = [el.force["N"] for el in [e0,e1]]
>>> N
[array([[ -500.],
      [ 500.]]), array([[ -510.],
      [ 510.]])]
```

访问 nodes 和 elements 属性获取系统的节点和单元。

```
>>> s.nodes
{0：Node：(0.0, 0.0), 1：Node：(1.0, 0.0), 2：Node：(2.0, 0.0)}
>>> s.elements
{0：Link1D11 Element：(Node：(0.0, 0.0), Node：(1.0, 0.0)), 1：Link1D11 Element：
(Node：(1.0, 0.0), Node：(2.0, 0.0))}
```

◀)) 需要注意的是，nodes 和 elements 属性返回的是以系统节点和单元编号为 key 的字典类型，可以调用 get_nodes() 和 get_elements() 方法获取系统的节点和单元列表。

```
>>> s.get_nodes()
[Node：(0.0, 0.0), Node：(1.5, 0.0), Node：(2.5, 0.0)]
>>> s.get_elements()
[Link1D11 Element：(Node：(0.0, 0.0), Node：(1.5, 0.0)), Link1D11 Element：(Node：
(1.5, 0.0), Node：(2.5, 0.0))]
```

访问属性 non（number of nodes）和 noe（number of elements）获取系统的节点和单元数量。

```
>>> s.non
3
>>> s.noe
2
```

访问属性 KG 和 KG_keeped 获取系统的总体刚度矩阵和处理后的总体刚度矩阵。

```
>>> s.KG
array([[ 420000., -420000.,       0.],
       [ -420000., 1050000., -630000.],
       [      0., -630000.,  630000.]])
>>> s.KG_keeped
array([[ 1050000.]])
```

访问属性 mndof（maximum node degree of freedom）、nAk 和 nBk 获取系统的最大节点自由度、系统的节点位移 keys 和节点力 keys。

```
>>> s.mndof
1
>>> s.nAk
```

```
('Ux',)
>>> s.nBk
('Fx',)
```

📢 需要注意的是, 系统的 nAk 或 nBk 与节点的 nAk 或 nBk 并不一定相同, 但系统的 nAk 和 nBk 的长度与 mndof 属性值相等。当为独立单元系统 (只有一种类型单元的系统, 单元具有相同的节点自由度, 如例 2.1 中的二维桁架单元系统) 时, 系统的 mndof 和单元的 ndof 相等, 节点的 nAk、nBk 和系统的 nAk、nBk 是否相等取决于单元类型。当为混合单元系统 (系统中存在不同的单元类型, 单元的节点自由度不一样, 如梁单元和杆单元的铰接系统) 时, 系统的 mndof 等于单元节点的最大自由度。

Feon. sa. system. System 类的关键方法实现了有限元分析的一般过程。后面结合程序解释和实例进行介绍。

2.5.3 节点与单元编号

System. add_node(node) 该方法将一个节点对象添加到系统中并进行编号。

```
def add_node(self,node):

    #如果所添加的 node 对象的类型不是 NodeBase 类的子类时报错
    #即 node 必须是 NodeBase 子类对象
    assert issubclass(type(node),NodeBase),"Must be Node type"

    #获取系统中当前节点数量
    n = self.non

    #如果节点 node 的编号不存在,即为 None 类型,没有编号
    if node.ID is None:

        #将节点 node 的编号 ID 设置为当前系统中节点的数量
        node.ID = n

    #系统节点 nodes 属性添加字典类型
    #其 key 为节点 node 的编号,value 为节点 node 自身
    self.nodes[node.ID] = node
```

　　前面在介绍节点类和单元类时提到，在建立节点和单元对象时，其编号 ID 均为 None type，在加入到系统时进行编号。Feon 中的编号规则为：从 0 开始，按添加到系统的先后顺序逐一进行编号。接着例 2.6 输入。

```
>>> n0.ID
0
>>> n1.ID
1
>>> n2.ID
2
```

System. add_element(element)　　该方法将一个单元对象添加到系统中并进行编号。

```
def add_element(self,element):

    #如果添加的 element 对象的类型不是 ElementBase 类的子类时报错
    #即 element 必须是 ElementBase 子类对象
    assert issubclass(type(element),ElementBase),"Must be Element type"

    #获取系统当前的单元数量
    n = self.noe

    #如果单元 element 的编号不存在,即为 None 类型,没有编号
    if element.ID is None:

        #将单元的编号 ID 设置为当前系统中单元的数量
        element.ID = n

    #系统单元 elements 属性添加字典类型
    #其 key 为单元 element 的编号,value 为单元 element 自身
    self.elements[element.ID] = element
```

整个过程和 System. add_node(node)方法如出一辙。查看上例中的单元编号。

```
>>> e0.ID
0
>>> e1.ID
1
```

2.5.4 单元刚度矩阵组装

System.init( )方法 系统初始化方法，计算系统的最大节点自由度 mndof、nAk、nBk、和 dim。

```
def init (self):

    #获取系统的最大节点自由度
    self._mndof = max(el.ndof for el in self.get_elements())

    #设置系统的 nAk 值,切片操作
    self._nAk = self.nodes.values()[0].nAk[:self.mndof]

    #设置系统的 nBk 值,切片操作
    self._nBk = self.nodes.values()[0].nBk[:self.mndof]

    #设置系统的维度
    self._dim = self.nodes.values()[0].dim
```

◀》需要注意的是，对于 Feon 中的结构有限元分析，节点的 nAk 和 nBk 只与求解域的维度有关，即

二维问题：nAk = ("Ux","Uy","Phz")，

　　　　　nBk = ("Fx","Fy","Mz")；

三维问题：nAk = ("Ux","Uy","Uz","Phx","Phy","Phz")，

　　　　　nBk = ("Fx","Fy","Fz","Mx","My","Mz")。

而系统的 nAk 和 nBk 只与系统中节点的最大自由度有关，比如二维杆单元独立系统，单元的节点自由度 ndof 与系统的 mndof 相等，均为 2，则系统的 nAk = ("Ux","Uy")，nBk = ("Fx","Fy")；如果系统中既有二维杆单元，又有二维梁单元，二维杆单元的节点自由度为 ndof = 2，而二维梁单元的节点自由度为 ndof = 3，从而系统的 mndof 为大值 3，则系统的 nAk = ("Ux","Uy","Phz")，nBk = ("Fx","Fy","Mz")。这样区分的目的是为了实现混合系统的刚度矩阵组装，请参考刚度矩阵组装方法。

System.calc_KG( )方法 该方法实现了混合单元系统刚度矩阵的组装，组装过程代码只有 7 行，相比 Fortran 和 Matlab 编程已足够简单。

```
def calc_KG(self):

    #调用 init()方法,确定系统 mndof、nAk、nBk 和 dim
    self.init()

    #获取系统节点数量
    n = self.non

    #获取系统最大的节点自由度
    m = self.mndof

    #计算总体刚度矩阵的形状
    shape = n * m

    #初始化总体刚度矩阵,元素全为 0
    self._KG = np.zeros((shape,shape))

    #开始刚度矩阵组装,遍历系统单元
    for el in self.get_elements():                    #第一行

        #获取当前单元的节点编号列表,并存储于 ID 列表
        ID = [nd.ID for nd in el.nodes]               #第二行

        #计算单元刚度矩阵
        el.calc_Ke()                                  #第三行

        #获取单元的节点自由度                          #第四行
        M = el.ndof

        #二重遍历,N1、N2 为单元节点编号在列表 ID 中的索引,I、J 为单元节点在系统中的编号
        for N1,I in enumerate(ID):                     #第五行
            for N2,J in enumerate(ID):                 #第六行

                #将当前单元刚度矩阵的 M * N1 至 M * (N1 +1)行、M * N2 至 M * (N2 +1)列
                #累计相加到系统总体刚度矩阵的 m * I 至 m * I +M 行、m * J 至 m * J +M 列
                self._KG[m * I:m * I +M,m * J:m * J +M] +=
el.Ke[M * N1:M * (N1 +1),M * N2:M * (N2 +1)]          #第七行
```

例2.7 如图2.20所示的二维混合杆件系统由三个单元组成，分别为一个梁单元和两个一次桁架单元，系统节点和单元编号如图所示，试求解该系统。已知材料弹性模量 $E = 210\text{GPa}$，杆件截面面积 $A = 0.05\text{m}^2$，梁截面惯性矩 $I = 10\text{E} - 5\text{m}^4$。

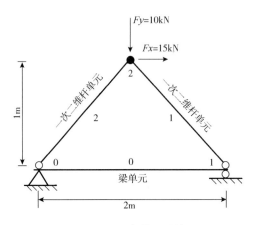

图2.20　混合单元系统

定义材料参数。

```
>>> E = 210e6
>>> A = 0.005
>>> I = 10e − 5
```

创建节点和单元。

```
>>> n0 = Node(0,0)
>>> n1 = Node(2,0)
>>> n2 = Node(1,1)
>>> e0 = Beam2D11((n0,n1),E,A,I)
>>> e1 = Link2D11((n1,n2),E,A)
>>> e2 = Link2D11((n2,n0),E,A)
>>> e0
Beam2D11 Element: (Node:(0.0,0.0),Node:(2.0,0.0))
>>> e1
Link2D11 Element: (Node:(2.0,0.0),Node:(1.0,1.0))
>>> e2
Link2D11 Element: (Node:(1.0,1.0),Node:(0.0,0.0))
```

创建系统。

```
>>> s = System()
```

向系统中添加节点和单元。

```
>>> s.add_nodes(n0,n1,n2)
>>> s.add_elements(e0,e1,e2)
```

调用系统的 init( )方法获取系统的最大节点自由度 mndof、nAk、nBk 及维度 dim。

```
>>> s.init()
>>> s.mndof
3
>>> s.nAk
('Ux', 'Uy', 'Phz')
>>> s.nBk
('Fx', 'Fy', 'Mz')
```

调用系统的 calc_KG( )方法计算系统总体刚度矩阵。

```
>>> s.calc_KG()
>>> s.KG
array([[ 896231.06012294,  371231.06012294,       0.        ,
         -525000.        ,       0.        ,       0.        ,
         -371231.06012294, -371231.06012294,       0.        ],
       [ 371231.06012294,  402731.06012294,   31500.        ,
              0.        ,  -31500.        ,   31500.        ,
         -371231.06012294, -371231.06012294,       0.        ],
       [      0.        ,   31500.        ,   42000.        ,
              0.        ,  -31500.        ,   21000.        ,
              0.        ,       0.        ,       0.        ],
       [ -525000.        ,       0.        ,       0.        ,
          896231.06012294, -371231.06012294,       0.        ,
         -371231.06012294,  371231.06012294,       0.        ],
       [      0.        ,  -31500.        ,  -31500.        ,
         -371231.06012294,  402731.06012294,  -31500.        ,
          371231.06012294, -371231.06012294,       0.        ],
       [      0.        ,   31500.        ,   21000.        ,
              0.        ,  -31500.        ,   42000.        ,
              0.        ,       0.        ,       0.        ],
       [ -371231.06012294, -371231.06012294,       0.        ,
         -371231.06012294,  371231.06012294,       0.        ,
          742462.12024587,       0.        ,       0.        ],
       [ -371231.06012294, -371231.06012294,       0.        ,
          371231.06012294, -371231.06012294,       0.        ,
              0.        ,  742462.12024587,       0.        ],
       [      0.        ,       0.        ,       0.        ,
              0.        ,       0.        ,       0.        ,
              0.        ,       0.        ,       0.        ]])
```

获取系统总体刚度矩阵的形状。

```
>>> s.KG.shape
(9,9)
```

获取总体刚度矩阵第九行和第九列的值。

```
>>> s.KG[:,8]
array([ 0.,  0.,  0.,  0.,  0.,  0.,  0.,  0.,  0.])
>>> s.KG[8,:]
array([ 0.,  0.,  0.,  0.,  0.,  0.,  0.,  0.,  0.])
```

查看节点的位移信息。

```
>>> n0.disp
{'Phz': None, 'Uy': None, 'Ux': None}
>>> n1.disp
{'Phz': None, 'Uy': None, 'Ux': None}
>>> n2.disp
{'Phz': 0.0, 'Uy': None, 'Ux': None}
```

系统的总自由度个数为 $3+3+2=8$，总体刚度矩阵应该为 8 阶方阵，但计算出的总体刚度矩阵为 9 阶方阵，节点 n2 的转角 Phz 为 0。事实上，Feon 在处理总体刚度矩阵时会将总体刚度矩阵中节点位移为 0 的自由度对应的行和列全部删除。而节点 n2 的转角 Phz 在总体刚度矩阵中对应的是第 9 行和第 9 列，处理总体刚度矩阵时会将其删除，并不会保留到线性方程组中进行计算。同时，查看刚度矩阵的第 9 行和第 9 列，其数值全为 0，原因是二维杆单元刚度矩阵为 4 阶方阵，其对总体刚度矩阵的贡献仅在于第 7、8 行和列。

总体质量矩阵的组装和刚度矩阵的组装完全相同，不再赘述。

2.5.5 施加边界条件

System.add_node_force(nid , ** forces) 系统总体刚度矩阵组装完成后，需要定义边界条件，结构有限元分析中将荷载施加在节点上。

```
def add_node_force(self,nid,** forces):

    #如果 calc_KG()方法没有被调用过,则调用该方法
    if not self._is_inited:
        self.calc_KG()

    #确保 nid <= 系统节点的最大编号,即是系统中的节点,否则报错
```

```
assert nid + 1 <= self.non,"Element does not exist"

#遍历参数 forces 的 keys
for key in forces.keys():

    #确保 forces 参数的 keys 在系统的 nBk 属性中,否则报错
    assert key in self.nBk,"Check if the node forces applied are correct"

#调用节点对象的 set_force( ** forces)方法给系统中的节点施加荷载
self.nodes[nid].set_force( ** forces)

#告知系统,荷载已施加
self._is_force_added = True
```

接着上例，在节点 n2 处沿 x 轴正方向和 y 轴负方向分别施加荷载。

```
>>> s.add_node_force(n2.ID,Fy = -10,Fx = 15)
>>> n2.force
{'Fx': 15.0, 'Fy': -10.0, 'Mz': 0.0}
```

System.add_node_disp(nid, ** disp)　为系统施加位移边界条件，实现过程与 add_node_force(nid, ** forces)类似。

```
def add_node_disp(self,nid, ** disp):

    #如果 calc_KG()方法没有被调用过,则调用该方法
    if not self._is_inited:
        self.calc_KG()

    #确保 nid <= 系统节点的最大编号,否则报错
    assert nid + 1 <= self.non,"Element does not exist"

    #遍历参数 disp 的 keys
    for key in disp.keys():

        #确保 disp 参数的 keys 在系统的 nAk 属性中,否则报错
        assert key in self.nAk,"Check if the node disp applied are correct"
```

```
#调用节点对象的 set_disp( ** disp)方法给系统中的节点设置位移
self.nodes[nid].set_disp( ** disp)

#如果施加的节点位移值不为 0,则告诉系统节点位移已施加
val = disp.values()
if len(val):
    self._is_disp_added = True
```

除了调用 System.add_node_disp(nid, ** disp)方法施加位移边界条件外，Feon 结构有限元分析系统中还定义了三种支座，分别是固定支座 fixed_support、固定铰支座 hinged_support、和滚动支座 rolled_support，其实现过程参考 System 类的定义，接着上例。

```
>>> s.add_hinged_sup(n0.ID)
>>> s.add_rolled_sup(n1.ID,"y")
>>> n0.disp
{'Phz': None, 'Uy': 0.0, 'Ux': 0.0}
>>> n1.disp
{'Phz': None, 'Uy': 0.0, 'Ux': None}
>>> n2.disp
{'Phz': 0.0, 'Uy': None, 'Ux': None}
```

None 类型表示单元节点自由度，即最终联立线性方程组的未知量。可以看出，节点 n0 不能平动但能转动，节点 n1 不能发生 y 方向平动，节点 n2 不能发生转动。

2.5.6　联立线性方程组

System. calc_deleted_KG_matrix( )　以上过程完成了系统总体刚度矩阵的计算,边界条件的施加,该方法根据位移边界条件联立线性方程组。

```
def calc_deleted_KG_matrix(self):

    #获取系统节点力,并存储在列表中
    self._Force =[nd.force for nd in self.get_nodes()]

    #获取系统节点位移,并存储在列表中
    self._Disp =[nd.disp for nd in self.get_nodes()]
```

#将按照字典存储的节点力数值转换成列表存储,存储顺序与 nBk 一致
```
self._ForceValue = [ val [ key ] for val in self.Force.values ( ) for key in
self.nBk]
```

#将按照字典存储的节点位移数值转换成列表存储,存储顺序与 nAk 一致
```
self._DispValue = [ val [ key ] for val in self.Disp.values ( ) for key in
self.nAk]
```

#如果节点的位移数值不为 None 类型
#将节点位移不为 None 的列在 DispValue 列表中的索引保存到_deleted 列表
```
self._deleted = [ row for row,val in enumerate(self.DispValue) if val is not
None]
```

#如果节点的位移数值为 None 类型
#将节点位移为 None 的列在 DispValue 列表中的索引保存到_keeped 列表中
```
self._keeped = [ row for row,val in enumerate(self.DispValue) if val is None]
```

#如果给系统添加了数值不为 0 的节点位移
#则调用 System.check_boundary_condition(KG)方法
```
if self._is_disp_added:
        self.check_boundary_condition(self.KG)
```

#删除 DispValue 列表中节点位移已知的列,得到处理过的节点力列阵
```
self._Force_keeped = np.delete(self._ForceValue,self._deleted,0)
```

#删除总体刚度矩阵中节点位移已知的自由度对应的行和列
#得到处理过的总体刚度矩阵
```
self._KG_keeped = np.delete(np.delete(self._KG,self._deleted,0),self._de-
leted,1)
```

System. check_boundary_condition（KG）　该方法实现位移边界条件的处理。

```
def check_boundary_condition(self,KG):

    #将节点位移数值不为 None 类型也不为 0 的列
    #在 DispValue 列表中的索引及其数值保存到列表_nonzeros 中
```

```
self._nonzeros =[(row,val) for row,val in enumerate(self.DispValue) if val]

#如果列表不为空,则处理系统节点力列阵 ForceValue
if len(self.nonzeros):
    for i,val in self.nonzeros:
        for j in self.keeped:
            self._ForceValue[j] -= KG[i,j] * val
```

接着上例输入。

```
>>> s.calc_deleted_KG_matrix()
>>> s.KG_keeped
array([[ 42000.          ,        0.        ,    21000.          ,
              0.        ,        0.        ],
       [     0.        ,   896231.06012294,        0.          ,
         -371231.06012294,   371231.06012294],
       [ 21000.          ,        0.        ,    42000.          ,
              0.        ,        0.        ],
       [     0.        ,  -371231.06012294,        0.          ,
          742462.12024587,        0.        ],
       [     0.        ,   371231.06012294,        0.          ,
              0.        ,   742462.12024587]])
>>> s.KG_keeped.shape
(5,5)
>>> s.keeped
[2,3,5,6,7]
>>> s.deleted
[0,1,4,8]
```

由边界条件可知,位移边界条件为节点 n0 的 Ux, Uy, 节点 n2 的 Uy, 以及节点 n3 的 Phz, 索引位置为[0,1,4,8], 与计算结果一致。

2.5.7 求解系统

System. solve（model）　该方法求解联立的线性方程组,并将结果分配给节点和单元。该方法调用 Feon.sa.solvers.py 模块中的求解函数。

```
def solve(self,model = "static_elastic"):

    eval("solve" + "_" +model)(self)
```

eval( )函数是用字符串当成有效的表达式来求值并返回计算结果，即上句执行 solve_static_elastic(system)函数，其为静力弹性求解函数，该函数传入一个参数 system 对象。solve_static_elasitc(system)函数定义于 solver.py 模块。

```python
def solve_static_elastic(system):

    #如果系统没有施加任何边界条件,报错
    assert system._is_force_added is True or system._is_disp_added is True,"No forces or disps on the structure"

    #处理系统总体刚度矩阵
    system.calc_deleted_KG_matrix()

    #检查系统总体刚度矩阵
    system.check_deleted_KG_matrix()
    KG,Force = system.KG_keeped,system.Force_keeped

    #求解线性方程组,调用 Numpy.linalg.solve()函数
    system._Disp_keeped = np.linalg.solve(KG,Force)

    #分配节点位移
    #将系统节点位移列阵分配给节点位移
    #即从 Numpy.ndarray 存储转换到字典存储
    for i,val in enumerate(system.keeped):
        I = val% system.mndof
        J = int(val/system.mndof)
        system.nodes[J].disp[system.nAk[I]] = system.Disp_keeped[i]

    #根据系统节点位移计算单元力
    for el in system.get_elements():
        el.evaluate()

    #告知系统,已求解
    system._is_system_solved = True
```

读者也可以在 solver.py 模块中编写自定义求解函数，如定义 solve_dynamic_eigen_model(system)函数计算结构的固有频率和振型，则调用 system.solve("dynamic_eigen_model")方法即可实现求解，第 4 章中将会详细介绍。

事实上，solve_static_elastic(system) 函数的核心是求解线性方程组，也可以直接调用 Numpy.linag.solve() 函数。接着上例。

```
>>> s.solve()
```

查看计算得到的系统节点位移列阵。

```
>>> s.Disp_keeped
array([  2.38095238e-05,   0.00000000e+00,   3.21078128e-05,
        -2.53734625e-05])
```

采用 Numpy 求解。

```
>>> import numpy as np
>>> disp = np.linalg.solve(s.KG_keeped,s.Force_keeped)
>>> disp
array([  2.38095238e-05,   0.00000000e+00,   3.21078128e-05,
        -2.53734625e-05])
```

结果一致。除采用 Numpy 求解线性方程组外，还可以使用 Scipy.sparse（稀疏矩阵运算库）提速，参考 5.4.2 章节中二者计算速度对比。

第3章

Feon.sa中自带单元类型定义过程及其应用

以下弹簧单元、杆单元、梁单元为一维有限元单元；三角形实体单元和四面体实体单元分别为二维和三维有限元单元。

3.1 弹簧单元

3.1.1 一维弹簧单元

一维弹簧单元是有限元结构分析中最简单的单元，该单元每个节点只有一个自由度（Ux = None），所以一次单元刚度矩阵为 2×2 阶，其局部坐标系中的刚度矩阵与整体坐标系中的刚度矩阵一致。假设弹簧单元的刚度为 k，则一次单元在局部坐标系和整体坐标系中刚度矩阵表示为：

$$k_e = K_e = \begin{bmatrix} k & -k \\ -k & k \end{bmatrix} \tag{3.1}$$

如果是独立一维弹簧单元系统，则系统总体刚度矩阵为 $2n \times 2n$ 阶，n 为系统的节点数量，用 K 表示，U 表示整体坐标系中系统的节点位移列阵，F 表示整体坐标系中系统的节点力列阵，均为 $2n \times 1$ 阶，则有：

$$K \cdot U = F \tag{3.2}$$

求解处理过的方程组可得到整体坐标系中的节点位移，通过式（3.3）求解单元力列阵

$$f_e = K_e U_e \tag{3.3}$$

式中 f_e 表示局部坐标系中的单元力列阵，U_e 表示整体坐标系中的单元节点位移列阵。

在 Feon 中 Spring1D11 为一维弹簧单元。弹簧单元有两个必选参数：节点 nodes 和弹簧刚度 k，节点 nodes 可以是列表 list、元组 tuple、或 Numpy. ndarray 类型，且长度不小于 2，即节点个数至少为 2。

```
e = Spring(nodes,k)
nodes = (node_i,node_j)或[node_i,node_j]
```

Spring 代表一、二、三维弹簧单元。如下为一维弹簧单元 Sring1D11 的定义过程，位于 Feon.sa.element.py 模块，继承于 StructElement 类。

```python
class Spring1D11(StructElement):

    #重写__init__()方法,输入新参数弹簧刚度 k
    #并调用 StructElemet 类的__init__()方法
    def __init__(self,nodes,ke):
        StructElement.__init__(self,nodes)
        self.k = ke

    #设置弹簧单元节点自由度
    #一维弹簧单元的节点位移为 Ux,节点自由度为 1
    def init_unknowns(self):
        for nd in self.nodes:
            nd.init_unknowns("Ux")
        self._ndof = 1

    #重写 init_keys()方法,定义单元力为轴力 N
    def init_keys(self):
        self.set_eIk(["N"])

    #计算坐标转换矩阵 T
    #一维弹簧单元局部坐标系中的刚度矩阵和整体坐标系中的一致
    def calc_T(self):
        self._T = np.array([[1,0],
                            [0,1]])

    #计算一维弹簧单元在局部坐标系中的刚度矩阵 ke
    def calc_ke(self):
        self._ke = _calc_ke_for_spring(ke = self.k)

#计算并返回弹簧单元在局部坐标系中的刚度矩阵 ke
#输入参数为弹簧刚度 ke
def _calc_ke_for_spring(ke = 1.0):
    return np.array([[ ke, -ke],
                     [ -ke,ke]])
```

📢 需要注意的是，结构单元中的 calc_Ke() 方法（计算整体坐标系中的刚度矩阵方法）和 evaluate() 方法（通过节点信息计算单元信息方法）定义在基类 Eelement 中，读者可查看源码。

例 3.1　求解图 3.1 所示的弹簧系统。已知弹簧刚度 $k_1 = 100\text{kN/m}$，$k_2 = 200\text{kN/m}$。

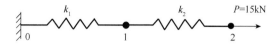

图 3.1　二弹簧单元系统

对于例 3.1 中的弹簧系统，离散求解域见表 3.1。

表 3.1　例 3.1 单元组成

单元编号	节点 i	节点 j
0	0	1
1	1	2

📢 需要注意的是，Feon 中节点和单元编号从 0 开始。

运行文件 3-1-spring1d_test.py，其代码如下。

```python
from feon.sa import *
if __name__ == "__main__":
    #定义弹簧刚度
    k1 = 100
    k2 = 200

    #创建节点
    n0 = Node(0,0)
    n1 = Node(1,0)
    n2 = Node(2,0)

    #创建单元
    e0 = Spring1D11((n0,n1),k1)
    e1 = Spring1D11((n1,n2),k2)

    #创建系统
    s = System()

    #将节点和单元加入系统
    s.add_nodes(n0,n1,n2)
    s.add_elements(e0,e1)

    #施加边界条件
    s.add_node_force(2,Fx = 15)
```

```
    s.add_fixed_sup(0)

    #求解
    s.solve()
```

弹簧单元可以没有长度，但为了保持一致性，在建立弹簧单元时，还是要确保其有一定的长度，可设置为1m，不影响计算结果。

计算完成后获取节点和单元信息。

```
>>>n1.disp
{'Phz': 0.0, 'Uy': 0.0, 'Ux': 0.15000000000000002}
>>>n2.disp
{'Phz': 0.0, 'Uy': 0.0, 'Ux': 0.22500000000000003}
>>>e0.force
{'N': array([[ -15.],
    [ 15.]])}
>>>e1.force
{'N': array([[ -15.],
    [ 15.]])}
```

例3.2 求解图3.2所示的弹簧系统。已知弹簧刚度 $k = 120\text{kN/m}$，$P = 20\text{kN}$。离散求解域见表3.2。

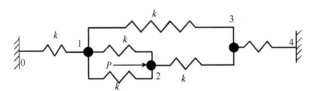

图3.2 多弹簧单元系统

表3.2 例3.2单元组成

单元编号	节点 i	节点 j
0	0	1
1	1	3
2	1	2
3	1	2
4	2	3
5	3	4

运行文件 3-2-spring1d_test.py，其内容如下。

```
from feon.sa import *
if __name__ == "__main__":
    k = 120

    n0 = Node(0,0)
    n1 = Node(1,0)
    n2 = Node(2,0)
    n3 = Node(3,0)
    n4 = Node(4,0)

    e0 = Spring1D11((n0,n1),k)
    e1 = Spring1D11((n1,n3),k)
    e2 = Spring1D11((n1,n2),k)
    e3 = Spring1D11((n1,n2),k)
    e4 = Spring1D11((n2,n3),k)
    e5 = Spring1D11((n3,n4),k)

    s = System()
    s.add_nodes(n0,n1,n2,n3,n4)
    s.add_elements(e0,e1,e2,e3,e4,e5)
    s.add_node_force(2,Fx = 20)
    s.add_fixed_sup((0,4))

    s.solve()
```

计算完成后获取节点和单元信息。

```
>>> disp = [nd.disp["Ux"] for nd in [n0,n1,n2,n3,n4]]
>>> disp
[0.0, 0.089743589743589744, 0.14102564102564102, 0.076923076923076927, 0.0]
>>> eforce = [el.force["N"] for el in [e0,e1,e2,e3,e4,e5]]
>>> eforce
[array([[ -10.76923077],
       [ 10.76923077]]), array([[ 1.53846154],
       [ -1.53846154]]), array([[ -6.15384615],
       [ 6.15384615]]), array([[ -6.15384615],
       [ 6.15384615]]), array([[ 7.69230769],
       [ -7.69230769]]), array([[ 9.23076923],
       [ -9.23076923]])]
```

在文件中继续输入如下内容，将节点位移和单元力更直观地绘制于图表，如图 3.3 所示。

```python
import matplotlib.pyplot as plt
disp = [nd.disp["Ux"] for nd in [n0,n1,n2,n3,n4]]
eforce = [e.force["N"][0][0] for e in [e0,e1,e2,e3,e4,e5]]
fig = plt.figure()
ax = fig.add_subplot(211)
ax2 = fig.add_subplot(212)
ax.set_xlabel(r"$Node ID$")
ax.set_ylabel(r"$Ux/m$")
ax.set_ylim([-0.3,0.3])
ax.set_xlim([-1,5])
ax.plot(range(5),disp,"r*-")
ax2.set_xlabel(r"$Element ID$")
ax2.set_xlim([-1,7])
ax2.set_ylabel(r"$N/kN$")
ax2.set_ylim(-20,20)
for i in xrange(6):
    ax2.plot([i-0.5,i+0.5],[eforce[i],eforce[i]],"g+-")
plt.show()
```

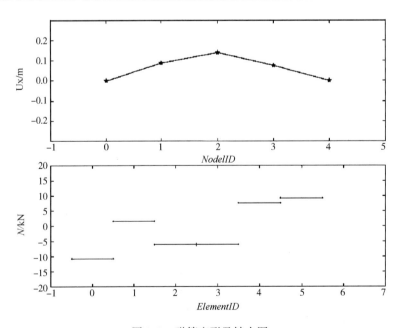

图 3.3 弹簧变形及轴力图

3.1.2　二维弹簧系统

二维弹簧单元在局部坐标系中的单元刚度矩阵和一维弹簧单元一致。假设弹簧单元的刚度为 k，则一次单元在局部坐标系中刚度矩阵表示为：

$$k_e = \begin{bmatrix} k & -k \\ -k & k \end{bmatrix} \qquad (3.4)$$

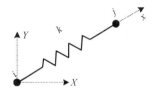

在整体坐标系中，单元节点有两个自由度（Ux = None，Uy = None），所以一次单元刚度矩阵为 4×4 阶，而局部坐标系中其刚度矩阵为 2×2 阶，需要将局部坐标系中的单元刚度矩阵 k_e 转换成整体坐标系中的单元刚度矩阵 K_e：

$$T^T k_e T = K_e \qquad (3.5)$$

矩阵 T 称为单元坐标转换矩阵，表示为：

$$T = \begin{bmatrix} l_{ij} & m_{ij} & 0 & 0 \\ 0 & 0 & l_{ij} & m_{ij} \end{bmatrix} \qquad (3.6)$$

$$l_{ij} = \frac{X_j - X_i}{l_e} \qquad (3.7)$$

$$m_{ij} = \frac{Y_j - Y_i}{l_e} \qquad (3.8)$$

$$l_e = \sqrt{(X_j - X_i)^2 + (Y_j - Y_i)^2} \qquad (3.9)$$

(X_i, Y_i)、(X_j, Y_j) 分别为整体坐标系中单元节点 i、j 的坐标。

如果是独立二维弹簧单元系统，则系统总体刚度矩阵为 $4n \times 4n$ 阶，n 为系统节点数量，用 K 表示，U 表示整体坐标系中系统的节点位移列阵，F 表示整体坐标系中系统的节点力列阵，均为 $4n \times 1$ 阶，有：

$$K \cdot U = F \qquad (3.10)$$

求解处理后的方程组可得到整体坐标系中的节点位移，然后通过式（3.11）求解单元力列阵：

$$f_e = TK_e U_e \qquad (3.11)$$

式中 f_e 表示局部坐标系中的单元力列阵，U_e 表示整体坐标系中的单元节点位移列阵。Feon 中 Spring2D11 为二维弹簧单元，定义于 Feon.sa.element.py 模块，同样继承于 StructElement 类。与一维弹簧单元不同之处在于坐标转换矩阵和单元节点自由度的定义，二维弹簧单元有两个节点位移 Ux 和 Uy，节点自由度为 2。单元定义如下。

```
#设置单元节点自由度
def init_unknowns(self):
    for nd in self.nodes:
        nd.init_unknowns("Ux","Uy")
    self._ndof = 2

#计算坐标转换矩阵 T
def calc_T(self):
    self._T = _calc_Tbase_for_2d_spring(self.nodes)

#计算并返回二维弹簧单元的坐标转换矩阵 ke
def _calc_Tbase_for_2d_spring (nodes):
    x1,y1 = nodes[0].x,nodes[0].y
    x2,y2 = nodes[1].x,nodes[1].y
    le = np.sqrt((x2 - x1)**2 + (y2 - y1)**2)
    lx = (x2 - x1)/le
    mx = (y2 - y1)/le
    T = np.array([[lx,mx, 0.,0.],
                  [0., 0.,lx,mx]])
    return T
```

例 3.3　求解图 3.4 所示的弹簧系统。已知弹簧刚度 $k = 200\text{kN}/\text{m}$。

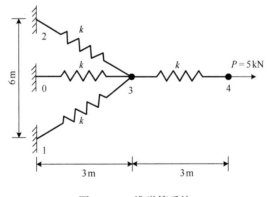

图 3.4　二维弹簧系统

对于例 3.3 中的弹簧系统，离散求解域见表 3.3。

表 3.3　例 3.3 单元组成

单元编号	节点 i	节点 j
0	0	3
1	1	3
2	2	3
3	3	4

运行文件 3-3-spring2d_test.py，其内容如下。

```
from feon.sa import *
if __name__ == "__main__":
    k = 200

    n0 = Node(0,0)
    n1 = Node(0,-3)
    n2 = Node(0,3)
    n3 = Node(3,0)
    n4 = Node(6,0)
    e0 = Spring2D11((n0,n3),k)
    e1 = Spring2D11((n1,n3),k)
    e2 = Spring2D11((n2,n3),k)
    e3 = Spring1D11((n3,n4),k)

    s = System()
    s.add_nodes(n0,n1,n2,n3,n4)
    s.add_elements(e0,e1,e2,e3)
    s.add_node_force(n4.ID,Fx = 5)
    s.add_fixed_sup(n0.ID,1,2)

    s.solve()
```

🔊 需要注意的是，e3 单元是一维弹簧单元 Spring1D11，原因为节点 n4 只有水平方向的位移，如果采用二维弹簧单元，n4 节点的 Uy = None，处理总体刚度矩阵时对应的行列不会删除，而节点 Uy 在总体刚度矩阵中对应的行和列元素全为零，则造成方程组无法求解。如果采用二维弹簧单元，加入下面一行即可，即设置节点 n4 在 y 方向的位移为 0。

```
s.add_node_disp(n4,Uy = 0)
```

计算完成后，获取弹簧单元信息。

```
>>> e0.force
{'N': array([[ -2.5],
    [ 2.5]])}
```

```
>>> e1.force
{'N': array([[ -1.76776695],
    [ 1.76776695]])}
>>> e2.force
{'N': array([[ -1.76776695],
    [ 1.76776695]])}
>>> e3.force
{'N': array([[ -5.],
    [ 5.]])}
```

在文件中继续输入如下程序绘制模型示意图。

```
from matplotlib.lines import Line2D
import matplotlib.pyplot as plt
from feon.sa.draw2d import *

#创建图表和坐标轴
fig = plt.figure()
ax = fig.add_subplot(111)

#设置坐标轴范围
ax.set_xlim([-3,9])
ax.set_ylim([-4,4])

#绘制模型变形示意图及单元编号
for el in [e0,e1,e2,e3]:
    draw_element(ax,el,marker = "o",lw = 4,color = "g")
    draw_element_disp(ax,el,factor = 0.05,ms = 4)
    draw_element_ID(ax,el,dx = 0.2,dy = 0.2,color = "r")

#绘制支座
draw_fixed_sup(ax,n0,factor = (0.4,0.4))
draw_fixed_sup(ax,n1,factor = (0.4,0.4))
draw_fixed_sup(ax,n2,factor = (0.4,0.4))

#绘制节点编号
for nd in s.get_nodes():
    draw_node_ID(ax,nd,dx = 0.2,dy = 0.1,color = "b")

#显示绘图
plt.show()
```

绘制弹簧系统变形示意图如图 3.5 所示。

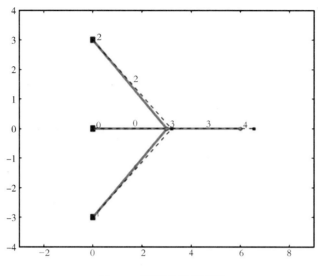

图 3.5　弹簧系统变形图

3.1.3　三维弹簧单元

三维弹簧单元在局部坐标系中的单元刚度矩阵和一、二维弹簧单元一致，假设弹簧单元的刚度为 k，则一次单元在局部坐标系中的刚度矩阵表示为：

$$k_e = \begin{bmatrix} k & -k \\ -k & k \end{bmatrix} \tag{3.12}$$

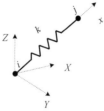

在整体坐标系中，单元节点有三个自由度（Ux = None，Uy = None，Uz = None），则一次单元的刚度矩阵为 6×6 阶，而局部坐标系中其刚度矩阵为 2×2 阶，需要将局部坐标系中的单元刚度矩阵 k_e 转换成整体坐标系中的单元刚度矩阵 K_e：

$$T^T k_e T = K_e \tag{3.13}$$

其中：

$$T = \begin{bmatrix} l_{ij} & m_{ij} & m_{ij} & 0 & 0 & 0 \\ 0 & 0 & 0 & l_{ij} & m_{ij} & m_{ij} \end{bmatrix} \tag{3.14}$$

$$l_{ij} = \frac{X_j - X_i}{l_e} \tag{3.15}$$

$$m_{ij} = \frac{Y_j - Y_i}{l_e} \qquad (3.16)$$

$$n_{ij} = \frac{Z_j - Z_i}{l_e} \qquad (3.17)$$

$$l_e = \sqrt{(X_j - X_i)^2 + (Y_j - Y_i)^2 + (Z_j - Z_i)^2} \qquad (3.18)$$

(X_i, Y_i, Z_i)、(X_j, Y_j, Z_j) 分别为整体坐标系中单元节点 i、j 的坐标。

如果是独立三维弹簧单元系统，则系统总体刚度矩阵为 $6n \times 6n$ 阶，n 为系统节点数量，用 $\boldsymbol{K}$ 表示，$\boldsymbol{U}$ 表示整体坐标系中系统的节点位移列阵，$\boldsymbol{F}$ 表示整体坐标系中系统的节点力列阵，均为 $6n \times 1$ 阶，有：

$$\boldsymbol{K} \cdot \boldsymbol{U} = \boldsymbol{F} \qquad (3.19)$$

求解处理后的方程组可得到整体坐标系中的节点位移，然后通过式（3.20）求解单元力：

$$f_e = TK_e U_e \qquad (3.20)$$

式中 f_e 表示局部坐标系中的单元力列阵，U_e 表示整体坐标系中单元节点位移列阵。Feon 中 Spring3D11 为三维弹簧单元，定义于 Feon.sa.element.py 模块，继承于 StructElement 类。与二维弹簧单元的定义相比，仅单元节点自由度和坐标转换矩阵不同。定义如下。

```
#设置单元节点自由度
def init_unknowns(self):
    for nd in self.nodes:
        nd.init_unknowns("Ux","Uy","Uz")
    self._ndof = 3

#计算单元坐标转换矩阵 T
def calc_T(self):
    self._T = _calc_Tbase_for_3d_spring(self.nodes)

#定义并返回三维弹簧单元的坐标转换矩阵 ke
def _calc_Tbase_for_3d_spring(nodes):
    x1,y1,z1 = nodes[0].x,nodes[0].y,nodes[0].z
    x2,y2,z2 = nodes[1].x,nodes[1].y,nodes[1].z
    le = np.sqrt((x2 - x1)**2 + (y2 - y1)**2 + (z2 - z1)**2)
    lx = (x2 - x1)/le
    mx = (y2 - y1)/le
    nx = (z2 - z1)/le
    T = np.array([[lx,mx,nx,0.,0.,0.,],
                  [0.,0.,0.,lx,mx,nx]])
    return T
```

3.2　杆单元

3.2.1　一维杆单元

一维杆单元和一维弹簧单元类似，该单元每个节点只有一个自由度（Ux = None），所以一次单元的刚度矩阵为 2×2 阶，其局部坐标系中的刚度矩阵与整体坐标系中的刚度矩阵一致，假设杆的弹性模量为 E，截面面积为 A，长度为 L，则局部坐标系和整体坐标系下刚度矩阵表示为：

$$k_e = K_e = \begin{bmatrix} \dfrac{EA}{L} & -\dfrac{EA}{L} \\ -\dfrac{EA}{L} & \dfrac{EA}{L} \end{bmatrix} \tag{3.21}$$

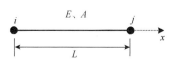

如果是独立的一维杆单元系统，则系统总体刚度矩阵为 $2n \times 2n$ 阶，n 为系统节点数量，用 $\boldsymbol{K}$ 表示，$\boldsymbol{U}$ 表示整体坐标系中系统的节点位移列阵，$\boldsymbol{F}$ 表示整体坐标系中系统的节点力列阵，均为 $2n \times 1$ 阶，有：

$$\boldsymbol{K} \cdot \boldsymbol{U} = \boldsymbol{F} \tag{3.22}$$

求解处理过的方程组可得到整体坐标系中的节点位移，然后通过式（3.23）求解单元力列阵：

$$f_e = K_e U_e \tag{3.23}$$

式中 f_e 表示局部坐标系中的单元力列阵，U_e 表示整体坐标系中的单元节点位移列阵。

在 Feon 中 Link1D11 为一维杆单元。杆单元有三个必选参数：节点 nodes、材料弹性模量 E、及杆截面面积 A，节点 nodes 可以是列表 list、元组 tuple、或 Numpy.ndarray 类型，且长度不小于 2，即节点个数至少为 2。

```
e = Link(nodes,E,A)
nodes = (node_i,node_j)或[node_i,node_j]
```

Link 代表一、二、三维杆单元。一维杆单元定义在 Feon.sa.element.py 模块，继承于 Struct- Element 类。与一维弹簧单元相比，仅仅在 __init__() 方法和计算局部刚度矩阵 calc_ke() 方法上有所差别。现列出二者不同之处。

```
class Link1D11(StructElement):

    #重写__init__()方法,输入新参数 E,A
```

```
def __init__(self,nodes,E,A):
    StructElement.__init__(self,nodes)
    self.E = E
    self.A = A


#计算局部坐标系中的单元刚度矩阵 ke
def calc_ke(self):
    self._ke = _calc_ke_for_link(E = self.E,A = self.A,L = self.volume)


#计算并返回局部坐标系中的单元刚度矩阵 ke
def _calc_ke_for_link(E = 1.,A = 1.,L = 1.):
    return np.array([[E*A/L, -E*A/L],
                    [-E*A/L,E*A/L]])
```

例3.4　求解图3.6所示杆系统。已知杆材料弹性模量 $E = 70\text{GPa}$，截面面积 $A = 0.005\text{m}^2$。

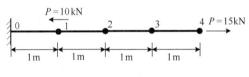

图3.6　一维杆系统

对于例3.4中的杆件系统，离散求解域见表3.4。

表3.4　例3.4单元组成

单元编号	节点 i	节点 j
0	0	1
1	1	2
2	2	3
3	3	4

运行文件3-4-link1d_test.py，其内容如下：

```
from feon.sa import *
if __name__ == "__main__":
    E = 70e6
    A = 0.005

    n0 = Node(0,0)
    n1 = Node(1,0)
```

```
    n2 = Node(2,0)
    n3 = Node(3,0)
    n4 = Node(4,0)
    e0 = Link1D11((n0,n1),E,A)
    e1 = Link1D11((n1,n2),E,A)
    e2 = Link1D11((n2,n3),E,A)
    e3 = Link1D11((n3,n4),E,A)

    s = System()
    s.add_nodes(n0,n1,n2,n3,n4)
    s.add_elements(e0,e1,e2,e3)
    s.add_node_force(n4.ID,Fx =15)
    s.add_node_force(1,Fx = -10)
    s.add_fixed_sup(n0.ID)

    s.solve()
```

计算完成后，交互获取节点和单元信息。

```
>>> n1.disp
{'Phz': 0.0, 'Uy': 0.0, 'Ux': 1.4285714285714285e -05}
>>> n2.disp
{'Phz': 0.0, 'Uy': 0.0, 'Ux': 5.7142857142857142e -05}
>>> n3.disp
{'Phz': 0.0, 'Uy': 0.0, 'Ux': 0.0001}
>>> n4.disp
{'Phz': 0.0, 'Uy': 0.0, 'Ux': 0.00014285714285714287}
>>> e0.force
{'N': array([[ -5.],
    [ 5.]])}
>>> e1.force
{'N': array([[ -15.],
    [ 15.]])}
>>> e2.force
{'N': array([[ -15.],
    [ 15.]])}
>>> e3.force
{'N': array([[ -15.],
    [ 15.]])}
```

例 3.5 求解图 3.7 所示的变截面杆系统。已知杆材料弹性模量为 $E = 210\text{GPa}$，杆截面面积变化从左至右为 $0.012\text{m}^2 \sim 0.002\text{m}^2$。

对于例 3.5 中的变截面杆系统，将其离散为 5 个单元，每个单元的长度为 0.6m，取单元中心处的截面面积为杆单元的计算面积，单元离散如图 3.8 所示，离散求解域见表 3.5。

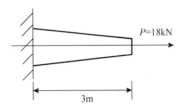

图 3.7　一维变截面杆系统

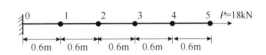

图 3.8　变截面杆单元离散图

表 3.5　例 3.5 单元组成

单元编号	节点 i	节点 j	截面面积 A（m^2）
0	0	1	0.011
1	1	2	0.009
2	2	3	0.007
3	3	4	0.005
4	4	5	0.003

运行文件 3-5-link1d_test.py，其内容如下。

```
from feon.sa import *
import numpy as np
from feon.tools import pair_wise
if __name__ == "__main__":
    E = 210e6
    P = 18


    #计算单元截面计算面积
    X = np.linspace(0,3,6)
    _X = X - 0.3
    A = [0.002 + 0.01 * val/3. for val in _X[1:]]
    A.reverse()


    #创建节点和单元
    nds = [Node(x,0) for x in X]
    els = []
```

```
count = 0
for nd in pair_wise(nds):
    els.append(Link1D11(nd,E,A[count]))
    count += 1

s = System()
s.add_nodes(nds)
s.add_elements(els)
s.add_fixed_sup(0)
s.add_node_force(nds[-1].ID,Fx=18)

s.solve()
```

计算完成后获取节点位移和单元应力。

```
>>> disp = [nd.disp["Ux"] for nd in nds]
>>> disp
[0.0, 4.6753246753246717e-06, 1.0389610389610382e-05, 1.7736549165120582e-
05, 2.8022263450834865e-05, 4.5165120593692007e-05]
>>> stress = [el.sx[0][0] for el in els]
>>> stress
[-1636.3636363636349, -1999.9999999999982, -2571.4285714285702,
 -3599.9999999999977, -5999.9999999999991]
```

在文件中继续键入如下内容。

```
import matplotlib.pyplot as plt
from matplotlib import cm
stress = np.array([el.sx[0][0] for el in els])
a = np.zeros((5,5))
fig, ax = plt.subplots()

for i in xrange(5):
    a[i,:] = stress
cax = ax.imshow(a,interpolation='nearest', cmap=cm.coolwarm)
cbar = fig.colorbar(cax, orientation='horizontal')
plt.show()
```

绘制杆应力云图如图 3.9 所示。

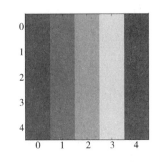

图3.9 变截面杆应力云图

3.2.2 二维杆单元

二维杆单元也称平面桁架单元，在局部坐标系中的单元刚度矩阵和一维杆单元一致，假设杆单元材料弹性模量为 E，截面面积为 A，长度为 L，则一次单元在局部坐标系中的刚度矩阵表示为：

$$k_e = \begin{bmatrix} \dfrac{EA}{L} & -\dfrac{EA}{L} \\ -\dfrac{EA}{L} & \dfrac{EA}{L} \end{bmatrix} \quad (3.24)$$

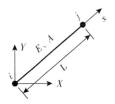

在整体坐标系中，单元节点有两个自由度（Ux = None，Uy = None），所以一次单元刚度矩阵为 4×4 阶，而局部坐标系中其刚度矩阵为 2×2 阶，需要将局部坐标系中的单元刚度矩阵 k_e 转换成整体坐标系中的单元刚度矩阵 K_e：

$$T^T k_e T = K_e \quad (3.25)$$

其中：

$$T = \begin{bmatrix} l_{ij} & m_{ij} & 0 & 0 \\ 0 & 0 & l_{ij} & m_{ij} \end{bmatrix} \quad (3.26)$$

$$l_{ij} = \frac{X_j - X_i}{l_e} \quad (3.27)$$

$$m_{ij} = \frac{Y_j - Y_i}{l_e} \quad (3.28)$$

$$l_e = \sqrt{(X_j - X_i)^2 + (Y_j - Y_i)^2} \tag{3.29}$$

(X_i, Y_i)、(X_j, Y_j) 分别为整体坐标系中单元节点 i、j 的坐标。

如果是独立二维杆单元系统，则系统总体刚度矩阵为 $4n \times 4n$ 阶，n 为系统节点数量，用 $\boldsymbol{K}$ 表示，$\boldsymbol{U}$ 表示整体坐标系中系统的节点位移列阵，$\boldsymbol{F}$ 表示整体坐标系中系统的节点力列阵，均为 $4n \times 1$ 阶，有：

$$\boldsymbol{K} \cdot \boldsymbol{U} = \boldsymbol{F} \tag{3.30}$$

求解处理后的方程组可得到整体坐标系中的节点位移，然后通过式（3.31）求解单元力列阵：

$$f_e = TK_e U_e \tag{3.31}$$

式中 f_e 表示局部坐标系下的单元力列阵，U_e 表示整体坐标系下单元节点位移列阵。Feon 中 Link2D11 表示二维杆单元，定义在 Feon. sa. element.py 模块，继承于 StructElement 类，与二维弹簧单元的区别在于初始化__init__( ) 方法和计算局部刚度矩阵 calc_ke( ) 方法不同，而二维杆单元的__init__( ) 方法和 calc_ke( ) 方法又同一维杆单元完全一样，所以定义过程这里不再赘述。

例 3.6　求解图 3.10 所示杆系统。已知杆材料弹性模量 $E = 210\text{GPa}$，截面面积 $A = 1E - 4\text{m}^2$。

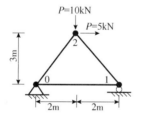

图 3.10　二维杆系统

对于例 3.6 中的二维杆系统，离散求解域见表 3.6。

表 3.6　例 3.6 单元组成

单元编号	节点 i	节点 j
0	0	1
1	1	2
2	2	0

运行文件 3-6-link2d_test.py，其内容如下。

```
from feon.sa import *
if __name__ == "__main__":
```

```
E = 210e6
A = 1e - 4

n0 = Node(0,0)
n1 = Node(4,0)
n2 = Node(3,3)
e0 = Link2D11((n0,n1),E,A)
e1 = Link2D11((n1,n2),E,A)
e2 = Link2D11((n2,n0),E,A)

s = System()
s.add_nodes(n0,n1,n2)
s.add_elements(e0,e1,e2)
s.add_node_force(2,Fx = 5,Fy = -10)
s.add_fixed_sup(0)
s.add_rolled_sup(1,"y")

s.solve()
```

计算完成后，查看单元应力。

```
>>> e1.sx
array([[ 118585.41225631],
       [ -118585.41225631]])
>>> e2.sx
array([[ -17677.66952966],
       [ 17677.66952966]])
>>> e0.sx
array([[ -37500.],
       [ 37500.]])
```

例 3.7　求解如图 3.11 所示的二维杆系统。已知杆材料弹性模量 $E = 210\text{GPa}$，截面面积 $A = 0.005\text{m}^2$，弹簧刚度 $K = 79000\text{kN/m}$。

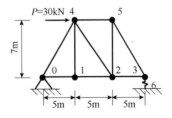

图 3.11　二维杆系统

Feon 中没有弹簧支座，将支座简化为一根长度为 1m 的弹簧单元，离散求解域见表 3.7。

表 3.7 例 3.7 单元组成

单元编号	节点 i	节点 j
0	0	1
1	1	2
2	2	3
3	4	0
4	4	1
5	4	2
6	4	5
7	5	2
8	5	3
9	3	6

运行文件 3-7-link2d_test.py，其内容如下。

```python
from feon.sa import *
if __name__ == "__main__":
    E = 210e6
    A = 0.005
    K = 79e3

    n0 = Node(0,0)
    n1 = Node(5,0)
    n2 = Node(10,0)
    n3 = Node(15,0)
    n4 = Node(5,7)
    n5 = Node(10,7)
    n6 = Node(15, -1)
    e0 = Link2D11((n0,n1),E,A)
    e1 = Link2D11((n1,n2),E,A)
    e2 = Link2D11((n2,n3),E,A)
    e3 = Link2D11((n4,n0),E,A)
    e4 = Link2D11((n4,n1),E,A)
    e5 = Link2D11((n4,n2),E,A)
    e6 = Link2D11((n4,n5),E,A)
    e7 = Link2D11((n5,n2),E,A)
    e8 = Link2D11((n5,n3),E,A)
    e9 = Spring2D11((n3,n6),K)
```

```
s = System()
s.add_nodes(n0,n1,n2,n3,n4,n5,n6)
s.add_elements(e0,e1,e2,e3,e4,e5,e6,e7,e8,e9)
s.add_node_force(4,Fx = 30)
s.add_fixed_sup(0,6)

s.solve()
```

计算完成后获取弹簧单元力和节点位移信息。

```
>>> e9
Spring2D11 Element: (Node:(15.0, 0.0), Node:(15.0, -1.0))
>>> e9.force
{'N': array([[ 14.],
     [ -14.]])}
>>> n3.disp
{'Phz': 0.0, 'Uy': -0.00017721518987341792, 'Ux': 0.0002380952380952385}
```

3.2.3 三维杆单元

三维杆单元也称空间桁架单元，局部坐标系中的单元刚度矩阵和一维杆单元一致，假设杆单元弹性模量为 E，杆截面面积为 A，杆长度为 L，则一次单元局部坐标系中的刚度矩阵表示为：

$$k_e = \begin{bmatrix} \dfrac{EA}{L} & -\dfrac{EA}{L} \\ -\dfrac{EA}{L} & \dfrac{EA}{L} \end{bmatrix} \qquad (3.32)$$

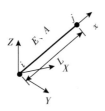

在整体坐标系中，单元节点有三个自由度（Ux = None，Uy = None，Uz = None），所以一次单元刚度矩阵为 6×6 阶，而局部坐标系中其刚度矩阵为 2×2 阶，需要将局部坐标系中的单元刚度矩阵 k_e 转换成整体坐标系中的单元刚度矩阵 K_e：

$$T^T k_e T = K_e \qquad (3.33)$$

其中：

$$T = \begin{bmatrix} l_{ij} & m_{ij} & m_{ij} & 0 & 0 & 0 \\ 0 & 0 & 0 & l_{ij} & m_{ij} & m_{ij} \end{bmatrix} \tag{3.34}$$

$$l_{ij} = \frac{X_j - X_i}{l_e} \tag{3.35}$$

$$m_{ij} = \frac{Y_j - Y_i}{l_e} \tag{3.36}$$

$$n_{ij} = \frac{Z_j - Z_i}{l_e} \tag{3.37}$$

$$l_e = \sqrt{(X_j - X_i)^2 + (Y_j - Y_i)^2 + (Z_j - Z_i)^2} \tag{3.38}$$

(X_i, Y_i, Z_i)、(X_j, Y_j, Z_j) 分别为整体坐标系中单元节点 i、j 的坐标。

如果是独立的三维杆单元系统，则系统总体刚度矩阵为 $6n \times 6n$ 阶，n 为系统节点数量，用 K 表示，U 表示整体坐标系中系统的节点位移列阵，F 表示整体坐标系中系统的节点力列阵，均为 $6n \times 1$ 阶，有：

$$K \cdot U = F \tag{3.39}$$

求解处理后的方程组可得到整体坐标系中的节点位移，然后通过式（3.40）求解单元力列阵：

$$f_e = TK_e U_e \tag{3.40}$$

式中 f_e 表示局部坐标系中的单元力列阵，U_e 表示整体坐标系中的单元节点位移列阵。Feon 中 Link3D11 表示三维杆单元，定义在 Feon.sa.element.py 模块，继承于 StructElement 类。与三维弹簧单元的区别在于 __init__() 方法和计算局部刚度矩阵方法 calc_ke() 方法，而三维杆单元的 __init__() 方法和 calc_ke() 方法与一维杆单元完全一致，所以三维杆单元定义过程不再赘述。

例 3.8　求解图 3.12 所示三维杆系统。已知材料弹性模量 $E = 200\text{GPa}$，杆截面面积分别为 $A_{01} = 0.001\text{m}^2$，$A_{02} = 0.002\text{m}^2$，$A_{03} = 0.001\text{m}^2$。

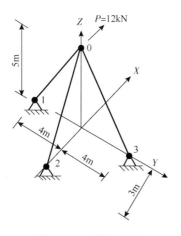

图 3.12　三维杆系统

离散求解域见表 3.8。

表 3.8　例 3.8 单元组成

单元编号	节点 i	节点 j
0	0	1
1	0	2
2	0	3

运行文件 3-8-link3d_ test.py，其内容如下。

```python
from feon.sa import *
if __name__ == "__main__":
    E = 200e6
    A1 = 0.001
    A2 = 0.002

    n0 = Node(0,0,0)
    n1 = Node(0, -4, -5)
    n2 = Node( -3,0, -5)
    n3 = Node(0,4, -5)
    e0 = Link3D11((n0,n1),E,A1)
    e1 = Link3D11((n0,n2),E,A2)
    e2 = Link3D11((n0,n3),E,A1)

    s = System()
    s.add_nodes(n0,n1,n2,n3)
    s.add_elements(e0,e1,e2)
    s.add_node_force(0,Fx =12)
    s.add_fixed_sup(1,2,3)

    s.solve()
```

计算完成后，获取节点位移和单元轴应力，并绘制轴应力图。

```python
>>> e1.sx
array([[ -11661.90378969],
       [ 11661.90378969]])
>>> e2.sx
array([[ 12806.24847487],
```

```
     [ -12806.24847487]])
>>> e0.sx
array([[ 12806.24847487],
     [ -12806.24847487]])
>>> n0.disp
{'Uy': 0.0, 'Ux': 0.001535934860531623, 'Uz': -0.00052505618746949325, 'Phz': 0.0, '
Phy': 0.0, 'Phx': 0.0}
```

在文件中继续写入如下内容。

```
from matplotlib.ticker import FuncFormatter
import matplotlib.pyplot as plt
import numpy as np

#设置坐标轴格式
def stresses(x,pos):
    return "$%1.1fMPa$"%(x*1e-3)

#获取单元轴应力
x = np.arange(3)
stress = [abs(el.sx[0][0]) for el in [e0,e1,e2]]

#定义并设置 y 坐标轴格式
formatter = FuncFormatter(stresses)
fig,ax = plt.subplots()
ax.yaxis.set_major_formatter(formatter)

#绘制 bar 并设置坐标轴刻度
plt.bar(x,stress,0.2,color = ["r","b","g"])
ax.set_xticks(x+0.1)
ax.set_xticklabels(("$Bar 0$","$Bar 1$","$Bar 2$"))
ax.set_ylabel("$N/kN$")
ax.set_xlim([-0.5,3])

#显示绘图
plt.show()
```

绘制单元轴应力图如图 3.13 所示。

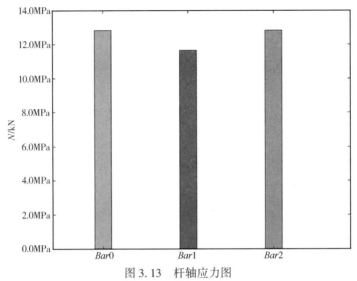

图 3.13 杆轴应力图

3.3 梁单元

3.3.1 一维梁单元

Feon 中的梁单元等同于刚架单元，一维梁单元每个节点有三个自由度，两个方向的节点线位移（Ux 和 Uy）和一个转角（Phz），一次单元有六个自由度（Ux = None，Uy = None，Phz = None），一次梁单元的刚度矩阵为 6×6 阶。假设梁单元材料弹性模量为 E，截面面积为 A，截面惯性矩为 I，长度为 L，则梁单元在局部坐标系下的刚度矩阵为：

$$k_e = \begin{bmatrix} \dfrac{EA}{L} & 0 & 0 & -\dfrac{EA}{L} & 0 & 0 \\[2mm] 0 & \dfrac{12EI}{L^3} & \dfrac{6EI}{L^2} & 0 & -\dfrac{12EI}{L^3} & \dfrac{6EI}{L^2} \\[2mm] 0 & \dfrac{6EI}{L^2} & \dfrac{4EI}{L} & 0 & -\dfrac{6EI}{L^2} & \dfrac{2EI}{L} \\[2mm] -\dfrac{EA}{L} & 0 & 0 & \dfrac{EA}{L} & 0 & 0 \\[2mm] 0 & -\dfrac{12EI}{L^3} & -\dfrac{6EI}{L^2} & 0 & \dfrac{12EI}{L^3} & -\dfrac{6EI}{L^2} \\[2mm] 0 & \dfrac{6EI}{L^2} & \dfrac{2EI}{L} & 0 & -\dfrac{6EI}{L^2} & \dfrac{4EI}{L} \end{bmatrix} \qquad (3.41)$$

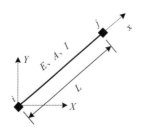

使用坐标转换矩阵将局部坐标系中的单元刚度矩阵 k_e 转换成整体坐标系中的单元刚度矩阵 K_e：

$$T^T k_e T = K_e \tag{3.42}$$

其中：

$$T = \begin{bmatrix} l_{ij} & m_{ij} & 0 & & & \\ -m_{ij} & l_{ij} & 0 & & 0 & \\ 0 & 0 & 1 & & & \\ & & & l_{ij} & m_{ij} & 0 \\ & 0 & & -m_{ij} & l_{ij} & 0 \\ & & & 0 & 0 & 1 \end{bmatrix} \tag{3.43}$$

$$l_{ij} = \frac{X_j - X_i}{l_e} \tag{3.44}$$

$$m_{ij} = \frac{Y_j - Y_i}{l_e} \tag{3.45}$$

$$l_e = \sqrt{(X_j - X_i)^2 + (Y_j - Y_i)^2} \tag{3.46}$$

(X_i, Y_i)、(X_j, Y_j) 分别为整体坐标系中单元节点 i、j 的坐标。

如果是独立梁单元系统，则系统总体刚度矩阵为 $6n \times 6n$ 阶，n 为系统节点数量，用 K 表示，U 表示整体坐标系中系统的节点位移列阵，F 表示整体坐标系中系统的节点力列阵，均为 $6n \times 1$ 阶，有：

$$K \cdot U = F \tag{3.47}$$

求解处理过的方程组可得到整体坐标系中的节点位移列阵，然后通过式（3.48）求解单元力列阵：

$$f_e = TK_e U_e \tag{3.48}$$

式中 f_e 表示局部坐标系中的单元力列阵，U_e 表示整体坐标系中的单元节点位移列阵。Feon 中 Beam1D11 表示一维梁单元，定义在 Feon.sa.element.py 模块，继承于 StructElement 类。一维梁单元有四个必选参数：节点 nodes，弹性模量 E，截面面积 A 和截面惯性矩 I。节点 nodes 可以是列表 list、元组 tuple 或 Numpy.ndarray 类型，且长度不小于 2，即节点个数至少为 2。

```
e = Beam(nodes,E,A,I)
nodes = (node_i,node_j)或[node_i,node_j]
```

Beam 代表一、二维梁单元。需要注意的是，梁单元上可施加分布荷载。Feon 中的一维梁单元表示节点没有水平位移的情况，即 Ux = 0，也就是通常所说的梁单元。但在定义刚度矩阵时保留 Ux 对应的行和列，是为了能够加入混合单元系统求解。定义单元时，只需定义其 init_unknowns() 方法时设置 Ux 不为自由度即可。

```python
class Beam1D11(StructElement):

    #重写__init__()方法,输入新参数E,A,I
    def __init__(self,nodes,E,A,I):
        StructElement.__init__(self,nodes)
        self.E = E
        self.A = A
        self.I = I


    #设置单元节点自由度
    #一维梁单元的节点位移为Uy,Phz,节点自由度仍然为3
    def init_unknowns(self):
        for nd in self.nodes:
            nd.init_unknowns("Uy","Phz")
        self._ndof = 3


    #计算坐标转换矩阵T
    def calc_T(self):
        TBase = _calc_Tbase_for_2d_beam(self.nodes)
        self._T = np.zeros((6,6))
        self._T[:3,:3] = self._T[3:,3:] = TBase


    #计算局部坐标系中的刚度矩阵ke
    def calc_ke(self):
        self._ke = _calc_ke_for_2d_beam(E = self.E,A = self.A,I = self.I,L = self.volume)


    #定义分布荷载等效方法,将分布荷载等效到节点上
    def load_equivalent(self,ltype,val):
        self.calc_T()
        A = _calc_element_load_for_2d_beam(self,ltype = ltype,val = val)
        n = len(self.eIk)
        for i,key in enumerate(self.eIk):
            self._force[key] += -A[i::n]
        B = np.dot(self.T.T,A)
        count = 0
        for nd in self.nodes:
            for key in nd.nBk:
                nd._force[key] += B[count,0]
```

```
                count += 1
        return B
```

#计算并返回坐标转换矩阵 T

```python
def _calc_Tbase_for_2d_beam(nodes):
    x1,y1 = nodes[0].x,nodes[0].y
    x2,y2 = nodes[1].x,nodes[1].y
    le = np.sqrt((x2 - x1) ** 2 + (y2 - y1) ** 2)
    lx = (x2 - x1)/le
    mx = (y2 - y1)/le
    T = np.array([[lx,mx,0.],
                  [-mx,lx,0.],
                  [0.,0.,1.]])
return T
```

#计算并返回局部坐标系中的单元刚度矩阵 ke

```python
def _calc_ke_for_2d_beam(E = 1.0,A = 1.0,I = 1.0,L = 1.0):
    a00 = E * A/L
    a03 = -a00
    a11 = 12 * E * I/L ** 3
    a12 = 6 * E * I/L ** 2
    a14 = -a11
    a22 = 4 * E * I/L
    a24 = -a12
    a25 = 2 * E * I/L
    a45 = -a12
    T = np.array([[a00,0.,  0.,  a03,  0.,0.],
                  [0., a11, a12,  0., a14,a12],
                  [0., a12, a22,  0., a24,a25],
                  [a03, 0.,  0., a00,  0.,0.],
                  [0., a14, a24,  0.,a11, a45],
                  [0., a12, a25,  0.,a45, a22]])
return T
```

#计算并返回单元分布荷载等效矩阵

```python
def _calc_element_load_for_2d_beam(el,ltype = "q",val = 1.):
    le = el.volume
    A = np.zeros((6,1))
    if ltype in ["uniform","Uniform","UNIFORM","q","Q"]:
        A[1][0] = 1/2. * val * le
```

```
    A[4][0]=1/2.*val*le
    A[2][0]=1/12.*val*le**2
    A[5][0]=-1/12.*val*le**2


elif ltype in ["triangle","Triangle","TRIAGNLE","Tri","tri"]:
    A[1][0]=3/20.*val*le
    A[4][0]=7/20.*val*le
    A[2][0]=1/30.*val*le**2
    A[5][0]=-1/20.*val*le**2
else:
    raise AttributeError,"Unkown load type(%r)"%(ltype,)
return A
```

例3.9　求解图3.14所示的一维梁单元系统。已知梁材料弹性模量 $E=210\mathrm{GPa}$，截面面积 $A=0.005\mathrm{m}^2$，截面惯性矩 $I=5\mathrm{E}-6\mathrm{m}^4$。

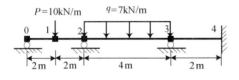

图3.14　梁单元系统

当梁单元上有集中荷载或弯矩时，可在力作用点处进行结构离散。例3.9中系统求解域离散见表3.9。

表3.9　例3.9单元组成

单元编号	节点 i	节点 j
0	0	1
1	1	2
2	2	3
3	3	4

运行文件3-9-beam1d_test.py，其内容如下。

```
from feon.sa import *
if __name__ == "__main__":
    E=210e6
    A=0.005
    I=5e-5
```

```
n0 = Node(0,0)
n1 = Node(2,0)
n2 = Node(4,0)
n3 = Node(8,0)
n4 = Node(10,0)
e0 = Beam1D11((n0,n1),E,A,I)
e1 = Beam1D11((n1,n2),E,A,I)
e2 = Beam1D11((n2,n3),E,A,I)
e3 = Beam1D11((n3,n4),E,A,I)

s = System()
s.add_nodes(n0,n1,n2,n3,n4)
s.add_elements(e0,e1,e2,e3)
for nd in [n0,n2,n3]:
    s.add_rolled_sup(nd.ID,"y")
s.add_fixed_sup(4)

#单元施加均布荷载
s.add_element_load(2,"Q",-7)
s.add_node_force(1,Fy = -10)

s.solve()
```

📢 需要注意的是 System.add_element_load（eid，ltype，val）方法目前只适用于梁单元，该方法输入三个参数，分别为荷载施加的单元编号、荷载类型以及均布荷载值，均布荷载类型输入可以是（"uniform"，"Uniform"，"UNIFORM"，"q"，"Q"），数值的正负根据局部坐标系方向来判断。

计算完成后获取节点和单元信息。

```
>>> n1.disp
{'Phz': 0.00014325396825396822, 'Uy': -0.00041031746031746041, 'Ux': 0.0}
>>> e1.force
{'Ty': array([[ -7.25625],
      [ 7.25625]]), 'Mz': array([[ -5.4875],
      [ -9.025 ]]), 'N': array([[ 0.],
      [ 0.]])}
>>> e2.force
{'Ty': array([[ 14.53125],
```

```
     [ 13.46875]]), 'Mz': array([[ 9.025],
     [ -6.9  ]]), 'N': array([[ 0.],
     [ 0.]])}
>>> e3.force
{'Ty': array([[ 5.175],
     [ -5.175]]), 'Mz': array([[ 6.9 ],
     [ 3.45]]), 'N': array([[ 0.],
     [ 0.]])}
>>> e0.force
{'Ty': array([[ 2.74375],
     [ -2.74375]]), 'Mz': array([[ -1.11022302e-15],
     [ 5.48750000e+00]]), 'N': array([[ 0.],
     [ 0.]])}
```

在文件中继续写入如下内容。

```
from feon.sa.draw2d import *
    for el in [e0,e1,e2]:
        draw_bar_info(el)
```

绘制单元 e2 的内力图如图 3.15 所示。

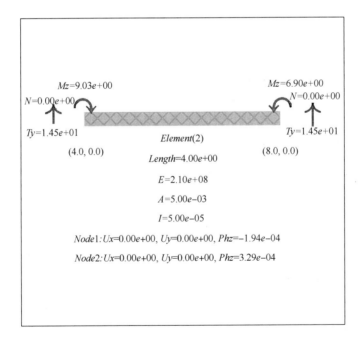

图 3.15　单元内力图

3.3.2　二维梁单元

Feon 中的二维梁单元等同于平面刚架单元。Beam2D11 单元表示二维梁单元,定义于 Feon.sa.element.py 模块,继承于 StructElement 类。与一维梁单元的区别在于多一个自由度 Ux,所以其定义除了 init_unknowns() 方法和一维梁单元有些许差别外,其他完全一致。

```
def init_unknowns(self):
    for nd in self.nodes:
        nd.init_unknowns("Ux","Uy","Phz")#与一维梁单元的唯一区别
    self._ndof = 3
```

例 3.10　求解图 3.16（a）所示二维梁单元系统。已知梁材料弹性模量 $E = 210\mathrm{GPa}$,截面面积 $A = 0.02\mathrm{m}^2$,截面惯性矩 $I = 5\mathrm{E} - 5\mathrm{m}^4$。

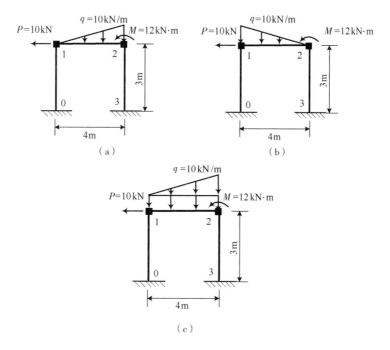

图 3.16　二维梁单元系统

求解域离散见表 3.10。

表 3.10　例 3.10 单元组成

单元编号	节点 i	节点 j
0	0	1
1	1	2
2	2	3

运行文件 3-10-beam2d_test.py，其内容如下。

```python
from feon.sa import *
if __name__ == "__main__":
    E = 210e6
    A = 0.02
    I = 5e-5

    n0 = Node(0,0)
    n1 = Node(0,3)
    n2 = Node(4,3)
    n3 = Node(4,0)

    e0 = Beam2D11((n0,n1),E,A,I)
    e1 = Beam2D11((n1,n2),E,A,I)
    e2 = Beam2D11((n2,n3),E,A,I)

    s = System()
    s.add_nodes(n0,n1,n2,n3)
    s.add_elements(e0,e1,e2)
    s.add_node_force(1,Fx = -10)
    s.add_node_force(2,Mz =12)
    s.add_element_load(1,"tri",-10)
    s.add_fixed_sup(0,3)

    s.solve()
```

需要注意的是，在施加节点弯矩时，逆时针为正，顺时针为负。给单元施加三角形分布荷载时，定义单元时节点输入顺序需与荷载增大的顺序一致，比如对单元 e1 定义为：

```python
e1 = Beam2D11((n1,n2),E,A,I)
```

n2 节点处荷载为最大值，正确。反之如果将单元 e1 定义为：

```python
e1 = Beam2D11((n2,n1),E,A,I)
```

则会将最大荷载错误地施加在节点 n1，原因为编写的程序在计算三角形分布荷载等效时是沿局部坐标系中 x 轴的正方向。如果荷载的形式如图 3.16（b）所示，则在定义单元 e1 时必须是先节点 n2 后节点 n1 的顺序，即

```
e1 = Beam2D11((n2,n1),E,A,I)
```

而对于图 3.16（c）中的分布荷载形式，可分解为一个均布荷载和一个三角形分布荷载，然后依次施加在单元上。

计算完成后，获取单元的内力信息。

```
>>> e0.force
{'Ty': array([[ -9.60645812],
    [ 9.60645812]]), 'Mz': array([[ -14.80597919],
    [ -14.01339518]]), 'N': array([[ 12.06712477],
    [ -12.06712477]])}
>>> e1.force
{'Ty': array([[ 12.06712477],
    [ 7.93287523]]), 'Mz': array([[ 14.01339518],
    [ 7.58843722]]), 'N': array([[ -0.39354188],
    [ 0.39354188]])}
>>> e2.force
{'Ty': array([[ -0.39354188],
    [ 0.39354188]]), 'Mz': array([[ 4.41156278],
    [ -5.59218841]]), 'N': array([[ 7.93287523],
    [ -7.93287523]])}
```

在文件中继续输入如下内容。

```
import numpy as np
import matplotlib.pyplot as plt

#恢复默认值
plt.rcdefaults()

#创建图 1、2、3
fig1,fig2,fig3 = plt.figure(),plt.figure(),plt.figure()

#在图 1、2、3 中分别创建坐标轴 1、2、3
ax1 = fig1.add_subplot(111)
ax2 = fig2.add_subplot(111)
ax3 = fig3.add_subplot(111)

#设置图 1 的 y 轴刻度
Y = ( " $ beam 0 $ " , " $ beam 1 $ " , " $ beam 2 $ " )
```

```
y_pos = np.arange(3)

#绘制图1
ax1.barh(y_pos,N,0.2,align = "center",color =("g","r","k"),ecolor = "b")

#设置坐标轴1的y轴刻度
ax1.set_yticks(y_pos)
ax1.set_yticklabels(Y)

#图1的y轴逆序
ax1.invert_yaxis()

#设置图1的x轴
ax1.set_xlabel(" $N/kN$ ")

#获取单元剪力和弯矩
Ty = np.abs(Ty)
Ty1 = Ty[:,0]
Ty2 = Ty[:,1]
Mz = np.abs(Mz)
Mz1 = Mz[:,0]
Mz2 = Mz[:,1]
index = np.arange(3)
bar_width = 0.2

#绘制图2、图3
res1 = ax2.bar(index,Ty1,bar_width,color = "r")
res2 = ax2.bar(index + bar_width,Ty2,bar_width,color = "g")
res3 = ax3.bar(index,Mz1,bar_width,color = "g")
res4 = ax3.bar(index + bar_width,Mz2,bar_width,color = "y")

#设置图2、图3坐标轴
ax2.set_xlim([ -0.5,3])
ax2.set_ylabel(" $Ty/kN$ ")
ax2.set_xticks(index + bar_width,(" $Beam 0$ "," $Beam 1$ "," $Beam 2$ "))
ax3.set_xlim([ -0.5,3])
ax3.set_ylabel(" $Mz/kN$ ")
ax3.set_xticks(index + bar_width,(" $Beam 0$ "," $Beam 1$ "," $Beam 2$ "))

#显示绘图
plt.show()
```

绘制单元的内力图如图 3.17 至图 3.19 所示。

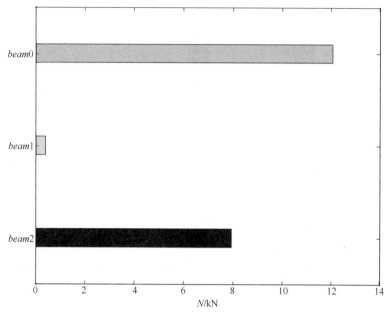

图 3.17　二维梁单元轴力图

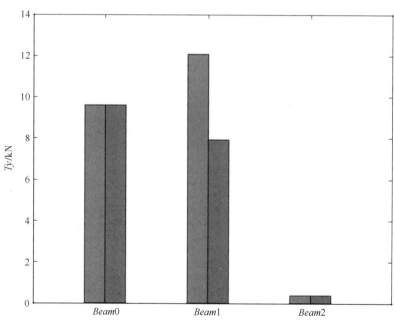

图 3.18　二维梁单元剪力图

3.3.3　三维梁单元

三维梁单元也称空间刚架单元，每个节点有六个自由度，三个节点线位移（Ux、Uy 和 Uz）和三个转角（Phx、Phy 和 Phz），一次单元有 12 个自由度，则其刚度矩阵为 12 × 12 阶。

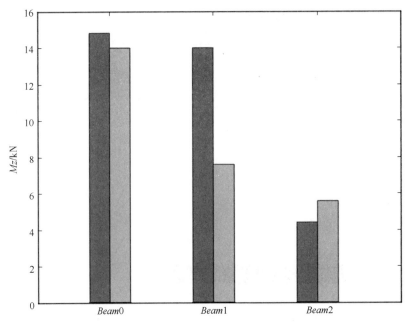

图 3.19　二维梁单元弯矩图

假设梁材料的弹性模量为 E，剪切模量为 G，截面面积为 A，沿三个轴的截面惯性矩分别为 J，I_y，I_z，长度为 L，则一次三维梁单元在局部坐标系中的刚度矩阵为：

$$
k_e = \begin{bmatrix}
\dfrac{EA}{L} & 0 & 0 & 0 & 0 & 0 & -\dfrac{EA}{L} & 0 & 0 & 0 & 0 & 0 \\[2mm]
0 & \dfrac{12EI_z}{L^3} & 0 & 0 & 0 & \dfrac{6EI_z}{L^2} & 0 & -\dfrac{12EI_z}{L^3} & 0 & 0 & 0 & \dfrac{6EI_z}{L^2} \\[2mm]
0 & 0 & \dfrac{12EI_y}{L^3} & 0 & -\dfrac{6EI_y}{L^2} & 0 & 0 & 0 & -\dfrac{12EI_y}{L^3} & 0 & -\dfrac{6EI_y}{L^2} & 0 \\[2mm]
0 & 0 & 0 & \dfrac{GJ}{L} & 0 & 0 & 0 & 0 & 0 & -\dfrac{GJ}{L} & 0 & 0 \\[2mm]
0 & 0 & -\dfrac{6EI_y}{L^2} & 0 & \dfrac{4EI_y}{L} & 0 & 0 & 0 & \dfrac{6EI_y}{L^2} & 0 & \dfrac{2EI_y}{L} & 0 \\[2mm]
0 & \dfrac{6EI_z}{L^2} & 0 & 0 & 0 & \dfrac{4EI_z}{L} & 0 & -\dfrac{6EI_z}{L^2} & 0 & 0 & 0 & \dfrac{2EI_z}{L} \\[2mm]
-\dfrac{EA}{L} & 0 & 0 & 0 & 0 & 0 & \dfrac{EA}{L} & 0 & 0 & 0 & 0 & 0 \\[2mm]
0 & -\dfrac{12EI_z}{L^3} & 0 & 0 & 0 & -\dfrac{6EI_z}{L^2} & 0 & \dfrac{12EI_z}{L^3} & 0 & 0 & 0 & -\dfrac{6EI_z}{L^2} \\[2mm]
0 & 0 & -\dfrac{12EI_y}{L^3} & 0 & \dfrac{6EI_y}{L^2} & 0 & 0 & 0 & \dfrac{12EI_y}{L^3} & 0 & \dfrac{6EI_y}{L^2} & 0 \\[2mm]
0 & 0 & 0 & -\dfrac{GJ}{L} & 0 & 0 & 0 & 0 & 0 & \dfrac{GJ}{L} & 0 & 0 \\[2mm]
0 & 0 & -\dfrac{6EI_y}{L^2} & 0 & \dfrac{2EI_y}{L} & 0 & 0 & 0 & \dfrac{6EI_y}{L^2} & 0 & \dfrac{4EI_y}{L} & 0 \\[2mm]
0 & \dfrac{6EI_z}{L^2} & 0 & 0 & 0 & \dfrac{2EI_z}{L} & 0 & -\dfrac{6EI_z}{L^2} & 0 & 0 & 0 & \dfrac{4EI_z}{L}
\end{bmatrix}
$$

$$(3.49)$$

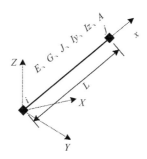

将局部坐标系中的单元刚度矩阵 k_e 转换成整体坐标系中的单元刚度矩阵 K_e：

$$T^T k_e T = K_e \qquad (3.50)$$

其中：

$$T = \begin{bmatrix} t & 0 & 0 & 0 \\ 0 & t & 0 & 0 \\ 0 & 0 & t & 0 \\ 0 & 0 & 0 & t \end{bmatrix} \qquad (3.51)$$

$$t = \begin{bmatrix} C_{Xx} & C_{Yx} & C_{Zx} \\ C_{Xy} & C_{Yy} & C_{Zy} \\ C_{Xz} & C_{Yz} & C_{Zz} \end{bmatrix} \qquad (3.52)$$

C_{Xx} 等表示整体坐标系与局部坐标系坐标轴的夹角余弦。

如果是独立三维梁单元系统，则系统总体刚度矩阵为 $12n \times 12n$ 阶，n 为系统节点数量，用 K 表示，U 表示整体坐标系中系统的节点位移列阵，F 表示整体坐标系中系统的节点力列阵，均为 $12n \times 1$ 阶，有：

$$K \cdot U = F \qquad (3.53)$$

求解处理后的方程组可得到整体坐标系中的节点位移，然后通过式（3.54）求解单元力列阵：

$$f_e = TK_e U_e \qquad (3.54)$$

式中 f_e 表示局部坐标系中的单元力列阵，U_e 表示整体坐标系中的单元节点位移列阵。Feon 中 Beam3D11 表示三维梁单元，定义在 Feon.sa.element.py 模块，继承于 StructElement 类。三维梁单元有五个必选参数：分别为节点 nodes，梁材料弹性模量 E，剪切模量 G，截面面积 A 和截面惯性矩 $I = (J, I_y, I_z)$。节点 nodes 可以是列表 list、元组 tuple、或 Numpy.ndarray 类型，且长度不小于 2，即节点个数至少为 2。

```
e = Beam3D11(nodes,E,G,A,I)
nodes = (node_i,node_j)或[node_i,node_j]
```

对比一、二维梁单元，三维梁单元有不同的输入参数，不同的坐标转换矩阵。

```
class Beam3D11(StructElement):

    #重写__init__()方法,输入新参数 E,G,A,I
    def __init__(self,nodes,E,G,A,I):
        StructElement.__init__(self,nodes)
        self.E = E
        self.G = G
        self.A = A
        self.Ix = I[0]
        self.Iy = I[1]
        self.Iz = I[2]

    #设置单元节点自由度
    def init_unknowns(self):
        for nd in self.nodes:
            nd.init_unknowns("Ux","Uy","Uz","Phx","Phy","Phz")
        self._ndof = 6

    #计算坐标转换矩阵 T,为 12 阶方阵
    def calc_T(self):
        TBase = _calc_Tbase_for_3d_beam(self.nodes)
        self._T = np.zeros((12,12))
        n = 3
        m = 4
        for i in xrange(m):
            self._T[n*i:n*(i+1),n*i:n*(i+1)] = TBase

    #计算局部坐标系中的单元刚度矩阵 ke
    def calc_ke(self):
        self._ke = _calc_ke_for_3d_beam(E = self.E,
                                        G = self.G,
                                        A = self.A,
                                        I = [self.Ix,self.Iy,self.Iz],
                                        L = self.volume)

    #定义单元分布荷载等效方法
    def load_equivalent(self,ltype,val):
        self.calc_T()
        A = _calc_element_load_for_3d_beam(self,ltype = ltype,val = val)
```

```
            n = len(self.eIk)
            for i,key in enumerate(self.eIk):
                self._force[key] += -A[i::n]
            B = np.dot(self.T.T,A)
            return B
```

#计算并返回整体坐标系与局部坐标系方向余弦矩阵,为 3 阶方阵
```
def _calc_Tbase_for_3d_beam(nodes):
    x1,y1,z1 = nodes[0].x,nodes[0].y,nodes[0].z
    x2,y2,z2 = nodes[1].x,nodes[1].y,nodes[1].z
    if x1 == x2 and y1 == y2:
        if z2 > z1:
            return np.array([[0.,0.,1.],
                             [0.,1.,0.],
                             [-1.,0.,0.]])
        else:
            return np.array([[0.,0.,-1.],
                             [0.,1.,0.],
                             [1.,0.,0.]])
    else:
        le = np.sqrt((x1-x2)**2+(y1-y2)**2+(z1-z2)**2)
        lx = (x2-x1)/le
        mx = (y2-y1)/le
        nx = (z2-z1)/le
        d = np.sqrt(lx**2+mx**2)
        ly = -mx/d
        my = lx/d
        ny = 0.
        lz = -lx*nx/d
        mz = -mx*nx/d
        nz = d
        return np.array([[lx,mx,nx],
                         [ly,my,ny],
                         [lz,mz,nz]])
```

#计算并返回局部坐标系中的单元刚度矩阵 ke,为 12 阶方阵
```
def _calc_ke_for_3d_beam(E = 1.0,G = 1.0,A = 1.0,I = [1.,1.,1.],L = 1.):
    Ix = I[0]
    Iy = I[1]
    Iz = I[2]
```

```
a00 = E * A / L
a06 = - a00
a11 = 12. * E * Iz / L ** 3
a15 = 6. * E * Iz / L ** 2
a17 = - a11
a22 = 12. * E * Iy / L ** 3
a24 = - 6. * E * Iy / L ** 2
a28 = - a22
a33 = G * Ix / L
a39 = - a33
a44 = 4. * E * Iy / L
a48 = 6. * E * Iy / L ** 2
a410 = 2. * E * Iy / L
a55 = 4. * E * Iz / L
a57 = - a15
a511 = 2. * E * Iz / L
a711 = - a15
a810 = a48
T = np.array([[a00, 0,  0,  0,    0,  0, a06,   0,  0,  0,    0,    0],
              [0, a11,  0,  0,    0, a15,  0, a17,  0,  0,    0,  a15],
              [0,   0, a22,  0, a24,  0,  0,    0, a28,  0,  a24,    0],
              [0,   0,   0, a33,  0,   0,  0,    0,  0, a39,    0,    0],
              [0,   0, a24,  0, a44,  0,  0,    0, a48,  0,  a410,    0],
              [0, a15,  0,  0,    0, a55,  0, a57,  0,  0,    0,  a511],
              [a06, 0,  0,  0,    0,  0, a00,   0,  0,  0,    0,    0],
              [0, a17,  0,  0,    0, a57,  0, a11,  0,  0,    0,  a711],
              [0,   0, a28,  0, a48,  0,  0,    0, a22,  0,  a810,    0],
              [0,   0,   0, a39,  0,   0,  0,    0,  0, a33,    0,    0],
              [0,   0, a24,  0, a410, 0,  0,    0, a810, 0,  a44,    0],
              [0, a15,  0,  0,    0, a511, 0, a711, 0,  0,    0,  a55]])

return T
```

#计算并返回单元分布荷载等效矩阵
```
def _calc_element_load_for_3d_beam(el, ltype = "q", val = (1,1)):
    assert type(val) is tuple or list, "3D frame element load must have two direc-
tion"
    if len(val) == 1:
        val = [val[0], 0.]
    le = el.volume
    A = np.zeros((12, 1))
```

```
if ltype in ["uniform","Uniform","UNIFORM","q","Q"]:
    A[1][0] =1/2.*val[0]*le
    A[7][0] =1/2.*val[0]*le
    A[5][0] =1/12.*val[0]*le**2
    A[11][0] =-1/12.*val[0]*le**2

    A[2][0] =1/2.*val[1]*le
    A[8][0] =1/2.*val[1]*le
    A[4][0] =1/12.*val[1]*le**2
    A[10][0] =-1/12.*val[1]*le**2
elif ltype in ["triangle","Triangle","TRIAGNLE1","Tri","tri"]:
    A[1][0] =3/20.*val[0]*le
    A[7][0] =7/20.*val[0]*le
    A[5][0] =1/30.*val[0]*le**2
    A[11][0] =-1/20.*val[0]*le**2

    A[2][0] =3/20.*val[1]*le
    A[8][0] =7/20.*val[1]*le
    A[4][0] =1/30.*val[1]*le**2
    A[10][0] =-1/20.*val[1]*le**2
else:
    raise AttributeError,"Unkown load type(%r)"%(ltype,)
return A
```

例 3. 11　求解如图 3. 20 所示三维梁单元系统。已知梁材料弹性模量 $E = 210\text{GPa}$，剪切模量 $G = 84\text{GPa}$，截面面积 $A = 0.02\text{m}^2$，截面惯性矩 $J = 5\text{E} - 5\text{m}^4$、$I_y = 10\text{E} - 5\text{m}^4$、$I_z = 20\text{E} - 5\text{m}^4$。

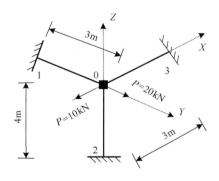

图 3. 20　三维梁单元系统

求解域离散见表 3. 11。

表 3.11　例 3.11 单元组成

单元编号	节点 i	节点 j
0	0	1
1	0	2
2	0	3

运行文件 3-11-beam3d_test.py 文件，其内容如下。

```python
from feon.sa import *
if __name__ == "__main__":
    E = 210e6
    G = 84e6
    A = 0.02
    I = [5e-5, 10e-5, 20e-5]

    n0 = Node(0, 0, 0)
    n1 = Node(0, -3, 0)
    n2 = Node(0, 0, -4)
    n3 = Node(3, 0, 0)
    e0 = Beam3D11((n0, n1), E, G, A, I)
    e1 = Beam3D11((n0, n2), E, G, A, I)
    e2 = Beam3D11((n0, n3), E, G, A, I)

    s = System()
    s.add_nodes(n0, n1, n2, n3)
    s.add_elements(e0, e1, e2)
    s.add_fixed_sup(1, 2, 3)
    s.add_node_force(0, Fx=-10, Fy=20)

    s.solve()
```

计算完成后获取节点和单元信息。

```
>>> n0.disp
{'Uy': 1.408880929675947e-05, 'Ux': -7.0009505492464532e-06, 'Uz':
-5.5388255532120382e-08, 'Phz': -1.7555068105295397e-06, 'Phy':
-1.1092841498564584e-06, 'Phx': -3.1186860224287298e-06}
>>> e0.force
{'Tz': array([[ 0.04314465],
```

```
     [ -0.04314465]]), 'Ty': array([[ -0.1798386],
     [ 0.1798386]]), 'N': array([[ -19.72433302],
     [ 19.72433302]]), 'My': array([[ -0.08654777],
     [ -0.04288617]]), 'Mx': array([[ 0.001553],
     [ -0.001553]]), 'Mz': array([[ -0.294335  ],
     [ -0.24518081]])}
>>> e1.force
{'Tz': array([[ -0.01883063],
     [ 0.01883063]]), 'Ty': array([[ 0.06183007],
     [ -0.06183007]]), 'N': array([[ 0.05815767],
     [ -0.05815767]]), 'My': array([[ 0.03183752],
     [ 0.043485  ]]), 'Mx': array([[ 0.00184328],
     [ -0.00184328]]), 'Mz': array([[ 0.09091393],
     [ 0.15640634]])}
>>> e2.force
{'Tz': array([[ 0.01501302],
     [ -0.01501302]]), 'Ty': array([[ 0.21383692],
     [ -0.21383692]]), 'N': array([[ -9.80133077],
     [ 9.80133077]]), 'My': array([[ -0.03028452],
     [ -0.01475454]]), 'Mx': array([[ -0.00436616],
     [ 0.00436616]]), 'Mz': array([[ 0.29617828],
     [ 0.34533247]])}
```

例3.12　求解如图3.21所示的三维梁单元系统。已知梁材料弹性模量 $E = 210\text{GPa}$，剪切模量 $G = 84\text{GPa}$，截面面积 $A = 0.02\text{m}^2$，截面惯性矩 $J = 5\text{E}-5\text{m}^4$、$I_y = 10\text{E}-5\text{m}^4$、$I_z = 20\text{E}-5\text{m}^4$。

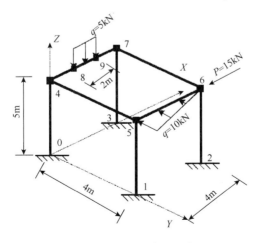

图 3.21　三维梁单元系统

当梁上作用的分布荷载不在梁的端点时，可以从分布荷载的两端进行结构离散，构造单元。求解域离散见表 3.12 所示。

表 3.12　例 3.12 单元组成

单元编号	节点 i	节点 j
0	4	8
1	8	9
2	9	7
3	7	6
4	6	5
5	5	4
6	0	4
7	3	7
8	2	6
9	1	5

运行文件 3-12_beam3d_test.py，其内容如下。

```python
from feon.sa import *
from feon.tools import pair_wise
if __name__ == "__main__":
    E = 210e6
    G = 84e6
    A = 0.02
    I = [5e-5,10e-5,20e-5]

    n0 = Node(0,0,0)
    n1 = Node(0,4,0)
    n2 = Node(4,4,0)
    n3 = Node(0,4,0)
    n4 = Node(0,0,5)
    n5 = Node(0,4,5)
    n6 = Node(4,4,5)
    n7 = Node(0,4,5)
    n8 = Node(1,0,5)
    n9 = Node(3,0,5)
    nds1 = [n0,n3,n2,n1]
    nds2 = [n4,n7,n6,n5]
    nds3 = [n4,n8,n9,n7,n6,n5]
```

```
els = [ ]
for nd in pair_wise(nds3,True):
    els.append(Beam3D11(nd,E,G,A,I))
for i in xrange(4):
    els.append(Beam3D11((nds1[i],nds2[i]),E,G,A,I))

s = System()
s.add_nodes(nds1,nds3)
s.add_elements(els)
s.add_node_force(nds2[2].ID,Fx = -15)
s.add_element_load(els[1].ID,"q",(0,-5))
s.add_element_load(els[4].ID,"tri",(-10,0))
s.add_fixed_sup([nd.ID for nd in nds1])

s.solve()
```

📢 需要注意的是，在三维梁单元上施加分布荷载时，System.add_element_load(eid, ltype,val)方法的第三个参数 val 是列表或者元组类型，即 val = (1,2) 或 val = [1,2]，val[0]表示在局部坐标系中沿 y 方向的分布荷载数值，方向相同为正，相反为负；val[1]表示在局部坐标系中沿 z 方向的分布荷载数值，方向相同为正，相反为负。

计算完成后，获取节点最大水平位移。

```
>>> disp = [abs(nd.disp["Ux"]) for nd in s.get_nodes()]
>>> max(disp)
0.0026817070407621087
>>> disp = [abs(nd.disp["Uy"]) for nd in s.get_nodes()]
>>> max(disp)
0.0059973519666148833
>>> disp = [abs(nd.disp["Uz"]) for nd in s.get_nodes()]
>>> max(disp)
0.0051007766884406348
```

在文件中继续输入如下内容。

```
import matplotlib.pyplot as plt
import numpy as np
```

```
from matplotlib.ticker import MultipleLocator
noe = s.noe
non = s.non

#获取单元轴力
N = np.array([el.force["N"] for el in els])
N1 = N[:,0]
N2 = N[:,1]

#获取单元剪力 Ty
Ty = np.array([el.force["Ty"] for el in els])
Ty1 = Ty[:,0]
Ty2 = Ty[:,1]

#获取单元剪力 Tz
Tz = np.array([el.force["Tz"] for el in els])
Tz1 = Tz[:,0]
Tz2 = Tz[:,1]

#获取单元弯矩 Mx
Mx = np.array([el.force["Mx"] for el in els])
Mx1 = Mx[:,0]
Mx2 = Mx[:,1]

#获取单元弯矩 My
My = np.array([el.force["My"] for el in els])
My1 = My[:,0]
My2 = My[:,1]

#获取单元弯矩 Mz
Mz = np.array([el.force["Mz"] for el in els])
Mz1 = Mz[:,0]
Mz2 = Mz[:,1]

#创建图 1、2
fig1,fig2 = plt.figure(),plt.figure()

#图 1 中创建三个坐标轴
ax1 = fig1.add_subplot(311)
ax2 = fig1.add_subplot(312)
```

```
ax3 = fig1.add_subplot(313)
```

#图 2 中创建三个坐标轴
```
ax4 = fig2.add_subplot(311)
ax5 = fig2.add_subplot(312)
ax6 = fig2.add_subplot(313)
```

#设置图 1 坐标轴范围和名称
```
ax3.set_xticks([ -1,noe +1],1)
ax3.set_xlabel(r" $ Element ID $ ")
ax1.set_ylabel(r" $ N/kN $ ")
ax2.set_ylabel(r" $ Ty/kN $ ")
ax3.set_ylabel(r" $ Tz/kN $ ")
ax3.xaxis.set_major_locator(MultipleLocator(1))
ax1.xaxis.set_major_locator(MultipleLocator(1))
ax2.xaxis.set_major_locator(MultipleLocator(1))
ax2.set_ylim([ -7,7])
```

#在图 1 中绘制单元轴力和剪力
```
for i in xrange(noe):
    ax1.plot([i -0.5,i +0.5],[N1[i],N2[i]],"gs - ")
    ax2.plot([i -0.5,i +0.5],[Ty1[i],Ty1[i]],"rs - ")
    ax3.plot([i -0.5,i +0.5],[Tz1[i],Tz1[i]],"ks - ")
```

#设置图 2 坐标轴范围和名称
```
ax6.set_xticks([ -1,noe +1],1)
ax6.set_xlabel(r" $ Element ID $ ")
ax4.set_ylabel(r" $ Mx/kNm $ ")
ax5.set_ylabel(r" $ My/kNm $ ")
ax6.set_ylabel(r" $ Mz/kNm $ ")
ax6.xaxis.set_major_locator(MultipleLocator(1))
ax4.xaxis.set_major_locator(MultipleLocator(1))
ax5.xaxis.set_major_locator(MultipleLocator(1))
```

#在图 2 中绘制单元弯矩
```
for i in xrange(noe):
    ax4.plot([i -0.5,i +0.5],[Mx1[i],Mx2[i]],"gs - ")
    ax5.plot([i -0.5,i +0.5],[My1[i],My2[i]],"rs - ")
    ax6.plot([i -0.5,i +0.5],[Mz1[i],Mz2[i]],"ks - ")
```

#显示绘图
```
plt.show()
```

绘制单元轴力、剪力和弯矩图如图 3.22 至图 3.23 所示。

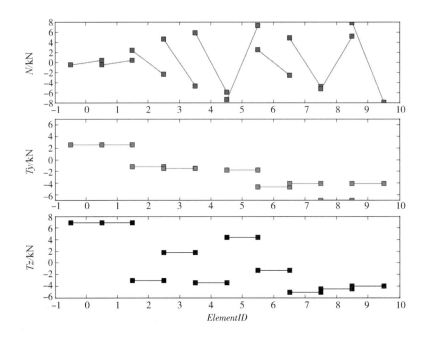

图 3.22　三维梁单元轴力、剪力图

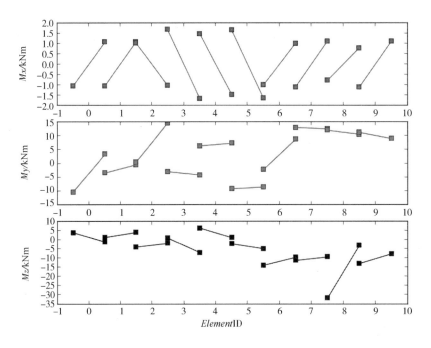

图 3.23　三维梁单元弯矩图

3.4　三角形实体单元

三角形实体单元可以用来分析平面应力和应变问题，且具有较好的几何适应性。该单元每个节点有 2 个自由度（Ux 和 Uy），一次单元有 6 个自由度（Ux = None，Uy = None），则一次三角形实体单元的刚度矩阵为 6×6 阶，该单元局部坐标系和整体坐标系一致，则整体坐标系中的刚度矩阵和局部坐标系中的刚度矩阵相同，设一次单元三个顶点在整体坐标系中的坐标分别为 (x_i, y_i)、(x_j, y_j)、(x_m, y_m)，单元厚度为 t，材料弹性模量为 E，泊松比为 μ，则一次单元的刚度矩阵可以表示为：

$$k_e = K_e = tAB^T DB \qquad (3.55)$$

其中：A 为三角形面积，节点顺序为逆时针。

$$2A = x_i(y_j - y_m) + x_j(y_m - y_i) + x_m(y_i - y_j) \qquad (3.56)$$

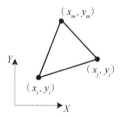

矩阵 B 也称为应变矩阵，其表达式为：

$$B = \frac{1}{2A}\begin{bmatrix} \beta_i & 0 & \beta_j & 0 & \beta_m & 0 \\ 0 & \gamma_i & 0 & \gamma_j & 0 & \gamma_m \\ \gamma_i & \beta_i & \gamma_j & \beta_j & \gamma_m & \beta_m \end{bmatrix} \qquad (3.57)$$

其中：

$$\begin{aligned}
\beta_i &= y_j - y_m \\
\beta_j &= y_m - y_i \\
\beta_m &= y_i - y_j \\
\gamma_i &= x_m - x_j \\
\gamma_j &= x_i - x_m \\
\gamma_m &= x_j - x_i
\end{aligned} \qquad (3.58)$$

矩阵 D 也称为本构矩阵或弹性矩阵，对于平面应力问题，其表达式为：

$$D = \frac{E}{1-\mu^2}\begin{bmatrix} 1 & \mu & 0 \\ \mu & 1 & 0 \\ 0 & 0 & \dfrac{1-\mu}{2} \end{bmatrix} \qquad (3.59)$$

对于平面应变问题，其表达式为：

$$D = \frac{E}{(1+\mu)(1-2\mu)} \begin{bmatrix} 1-\mu & \mu & 0 \\ \mu & 1-\mu & 0 \\ 0 & 0 & \dfrac{1-2\mu}{2} \end{bmatrix} \tag{3.60}$$

如果是独立三角形实体单元系统，则系统总体刚度矩阵为 $6n \times 6n$ 阶，n 为系统节点数量，用 K 表示，U 表示整体坐标系中系统的节点位移列阵，F 表示整体坐标系中系统的节点力列阵，均为 $6n \times 1$ 阶，有：

$$K \cdot U = F \tag{3.61}$$

求解处理后的方程组可得到整体坐标系中的节点位移，通过式（3.62）求解单元应力列阵：

$$\sigma_e = DBU_e \tag{3.62}$$

式中 σ_e 表示局部坐标系中的单元应力列阵，U_e 表示整体坐标系中的单元节点位移列阵。

Feon 中的 Tri2D11S 代表平面应力三角形实体单元，定义在 Feon.sa.element.py 模块，继承于 SoildElement 类。该单元输入 3 个必选参数：节点 nodes，材料弹性模量 E，泊松比 μ，一个可选参数单元厚度 t，平面应变问题可以不输入，默认厚度 1。节点 nodes 可以是列表 list、元组 tuple、或 Numpy.ndarray 类型，且长度不小于 3，即节点个数至少为 3。

```
e = Tri2D11S(nodes,E,nu,[t])
nodes = (node_i,node_j,node_m)或[node_i,node_j,node_m]
```

单元定义如下。

```
class Tri2D11S(SoildElement):

    #重写__init__()方法,输入三个新的参数 E,nu,t
    def __init__(self,nodes,E,nu,t):
        SoildElement.__init__(self,nodes)
        self.E = E
        self.nu = nu
        self.t = t

    #初始化节点信息,计算单元面积
    def init_nodes(self,nodes):
        v1 = np.array(nodes[0].coord) - np.array(nodes[1].coord)
        v2 = np.array(nodes[0].coord) - np.array(nodes[2].coord)
        area = abs(np.cross(v1,v2))/2.
        self._volume = area
```

```python
#设置单元应力 keys,分别为正应力和剪应力
def init_keys(self):
    self.set_eIk(("sx","sy","sxy"))


#设置节点自由度
def init_unknowns(self):
    for nd in self.nodes:
        nd.init_unknowns("Ux","Uy")
    self._ndof = 2


#计算单元本构矩阵 D
def calc_D(self):
    self._D = _calc_D_for_tri2d11(E = self.E,nu = self.nu)


#计算单元应变矩阵 B
def calc_B(self):
    self._B = _calc_B_for_tri2d11(self.nodes,self.volume)


#计算并返回单元本构矩阵 D
def _calc_D_for_tri2d11(E = 1.,nu = 0.2):
    a = E/(1 - nu ** 2)
    D = a * np.array([[1.,nu,0.],
                [nu,1.,0.],
                [0.,0.,(1 - nu)/2.]])
    return D


#计算并返回单元应变矩阵 B
def _calc_B_for_tri2d11(nodes,area):
    x1,y1 = nodes[0].x,nodes[0].y
    x2,y2 = nodes[1].x,nodes[1].y
    x3,y3 = nodes[2].x,nodes[2].y
    belta1 = y2 - y3
    belta2 = y3 - y1
    belta3 = y1 - y2
    gama1 = x3 - x2
    gama2 = x1 - x3
    gama3 = x2 - x1
    return 1./(2 * area) * np.array([[belta1,0,belta2,0,belta3,0],
                    [0.,gama1,0,gama2,0,gama3],
                    [gama1,belta1,gama2,belta2,gama3,belta3]])
```

例 3.13　求解图 3.24（a）所示的薄板系统。已知薄板材料弹性模量 $E = 210\text{GPa}$，泊松比 $\mu = 0.3$，厚度 $t = 0.025\text{m}$。

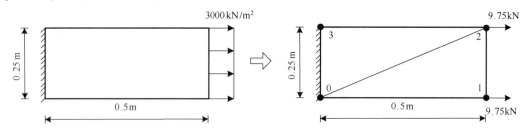

图 3.24　薄板示意图

将薄板离散成图 3.24（b）所示的两个三角形实体单元。离散域定义见表 3.13 所示。

表 3.13　例 3.13 单元组成

单元编号	节点 i	节点 j	节点 m
0	0	1	2
1	0	2	3

运行文件 3-13-tri2d_test.py，其内容如下。

```python
from feon.sa import *
if __name__ == "__main__":
    E = 210e6
    nu = 0.3
    t = 0.025

    n0 = Node(0,0)
    n1 = Node(0.5,0)
    n2 = Node(0.5,0.25)
    n3 = Node(0,0.25)
    e0 = Tri2D11S((n0,n1,n2),E,nu,t)
    e1 = Tri2D11S((n0,n2,n3),E,nu,t)

    s = System()
    s.add_nodes(n0,n1,n2,n3)
    s.add_elements(e0,e1)
    s.add_node_force(1,Fx = 9.375)
    s.add_node_force(2,Fx = 9.375)
    s.add_fixed_sup(0,3)

    s.solve()
```

计算完成后，查看节点和单元信息。

```
>>>e0.stress
{' sxy ': array ([[ - 7.20576461 ]]), ' sy ': array ([[ - 3.60288231 ]]), ' sx ':
array ([[ 2985.58847078 ]])}
>>>e1.stress
{' sxy ': array ([[ 7.20576461 ]]), ' sy ': array ([[ 904.32345877 ]]), ' sx ':
array ([[ 3014.41152922 ]])}
>>> n0.disp
{'Phz': 0.0, 'Uy': 0.0, 'Ux': 0.0}
>>> n1.disp
{'Phz': 0.0, 'Uy': 1.1151778565709744e - 06, 'Ux': 7.1111174654008945e - 06}
>>> n2.disp
{'Phz': 0.0, 'Uy': 4.4607114262841835e - 08, 'Ux': 6.5312249799839867e - 06}
```

📢 需要注意的是，三角形实体单元节点输入顺序为逆时针。

在文件中继续输入如下内容。

```
import matplotlib.tri as tri
import matplotlib.pyplot as plt
from matplotlib.patches import Polygon
from matplotlib.collections import PatchCollection
import numpy as np

#获取节点坐标
nx =[nd.x for nd in s.get_nodes()]
ny =[nd.y for nd in s.get_nodes()]

#获取节点 ID
nID =[[nd.ID for nd in el] for el in s.get_elements()]
tr =tri.Triangulation(nx,ny,nID)

#获取节点位移
ux =[nd.disp["Ux"] for nd in s.get_nodes()]
uy =[nd.disp["Uy"] for nd in s.get_nodes()]

#获取单元应力
sx =np.array([el.stress["sx"][0][0] for el in s.get_elements()])
```

```
sy = np.array([el.stress["sy"][0][0] for el in s.get_elements()])
sxy = np.array([el.stress["sxy"][0][0] for el in s.get_elements()])

#创建图 1、2
fig1,fig2 = plt.figure(),plt.figure()

#创建坐标轴 1、2
ax1,ax2 = fig1.add_subplot(111),fig2.add_subplot(111)

#在图 1 中绘制位移云图
ncb = ax1.tricontourf(tr,ux,color = "k",cmap = "jet")
fig1.colorbar(ncb)

#在图 2 中绘制应力云图
patches = []
for el in s.get_elements():
    ex,ey = [],[]
    for nd in el.nodes:
        ex.append(nd.x)
        ey.append(nd.y)
    polygon = Polygon(zip(ex,ey),True)
    patches.append(polygon)

pc = PatchCollection(patches, color = "k", edgecolor = "w", alpha = 0.4)
pc.set_array(sx)

ax2.add_collection(pc)
ax2.set_xlim([0,0.5])
ax2.set_ylim([0,0.25])
ax2.set_aspect("equal")
fig2.colorbar(pc)

#显示绘图
plt.show()
```

绘制节点位移和单元应力云图如图 3.25 至图 3.27 所示。

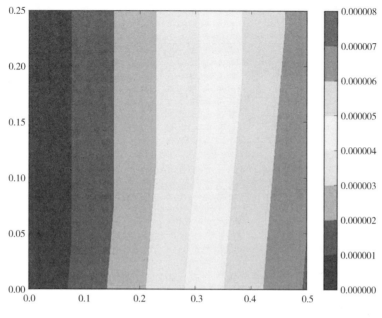

图 3.25　薄板水平位移云图

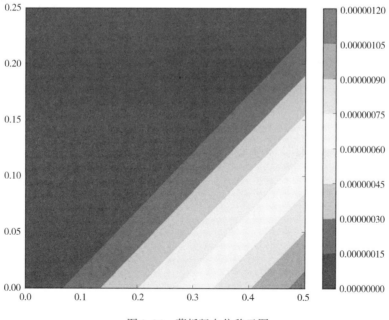

图 3.26　薄板竖向位移云图

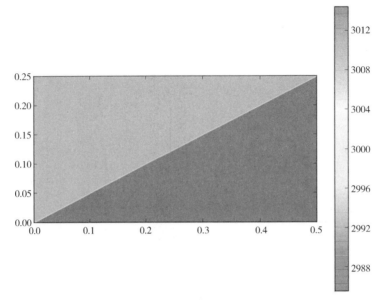

图 3.27　单元水平应力云图

3.5　四面体实体单元

四面体实体单元在求解空间问题时具体较好的几何适应性。该单元每个节点有 3 个自由度（Ux、Uy 和 Uz），一次四面体实体单元有 12 个自由度（Ux = None，Uy = None，Uz = None），单元的刚度矩阵为 12 × 12 阶。四面体实体单元的局部坐标系和整体坐标系一致，整体坐标系中的刚度矩阵和局部 坐标系中的刚度矩阵相同。假设一次单元四个顶点在整体坐标系中的坐标分别为 (x_1, y_1)，(x_2, y_2)，(x_3, y_3)，(x_4, y_4)，单元材料弹性模量为 E，泊松比为 μ，则一次四面体实体单元的刚度矩阵可以表示为：

$$k_e = K_e = VB^T DB \tag{3.63}$$

其中：V 为四面体体积，四面体实体单元节点输入顺序需确保根据式（3.62）求得的体积为正。

$$6V = \begin{vmatrix} 1 & x_1 & y_1 & z_1 \\ 1 & x_2 & y_2 & z_2 \\ 1 & x_3 & y_3 & z_3 \\ 1 & x_4 & y_4 & z_4 \end{vmatrix} \tag{3.64}$$

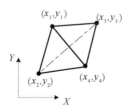

矩阵 B 也称为应变矩阵，其表达式为：

$$B = \begin{bmatrix} \dfrac{\partial N_1}{\partial x} & 0 & 0 & \dfrac{\partial N_2}{\partial x} & 0 & 0 & \dfrac{\partial N_3}{\partial x} & 0 & 0 & \dfrac{\partial N_4}{\partial x} & 0 & 0 \\[2mm] 0 & \dfrac{\partial N_1}{\partial y} & 0 & 0 & \dfrac{\partial N_2}{\partial y} & 0 & 0 & \dfrac{\partial N_3}{\partial y} & 0 & 0 & \dfrac{\partial N_4}{\partial y} & 0 \\[2mm] 0 & 0 & \dfrac{\partial N_1}{\partial z} & 0 & 0 & \dfrac{\partial N_2}{\partial z} & 0 & 0 & \dfrac{\partial N_3}{\partial z} & 0 & 0 & \dfrac{\partial N_4}{\partial z} \\[2mm] \dfrac{\partial N_1}{\partial y} & \dfrac{\partial N_1}{\partial x} & 0 & \dfrac{\partial N_2}{\partial y} & \dfrac{\partial N_2}{\partial x} & 0 & \dfrac{\partial N_3}{\partial y} & \dfrac{\partial N_3}{\partial x} & 0 & \dfrac{\partial N_4}{\partial y} & \dfrac{\partial N_4}{\partial x} & 0 \\[2mm] 0 & \dfrac{\partial N_1}{\partial z} & \dfrac{\partial N_1}{\partial y} & 0 & \dfrac{\partial N_2}{\partial z} & \dfrac{\partial N_2}{\partial y} & 0 & \dfrac{\partial N_3}{\partial z} & \dfrac{\partial N_3}{\partial y} & 0 & \dfrac{\partial N_4}{\partial z} & \dfrac{\partial N_4}{\partial y} \\[2mm] \dfrac{\partial N_1}{\partial z} & 0 & \dfrac{\partial N_1}{\partial x} & \dfrac{\partial N_2}{\partial z} & 0 & \dfrac{\partial N_2}{\partial x} & \dfrac{\partial N_3}{\partial z} & 0 & \dfrac{\partial N_3}{\partial x} & \dfrac{\partial N_4}{\partial z} & 0 & \dfrac{\partial N_4}{\partial x} \end{bmatrix} \qquad (3.65)$$

式（3.65）中 N_1、N_2、N_3、N_4 为单元形函数，表示为：

$$N_1 = \frac{1}{6V}(\alpha_1 + \beta_1 x + \gamma_1 y + \delta_1 z)$$

$$N_2 = \frac{1}{6V}(\alpha_2 + \beta_2 x + \gamma_2 y + \delta_2 z)$$

$$N_3 = \frac{1}{6V}(\alpha_3 + \beta_3 x + \gamma_3 y + \delta_3 z) \qquad (3.66)$$

$$N_4 = \frac{1}{6V}(\alpha_4 + \beta_4 x + \gamma_4 y + \delta_4 z)$$

形函数的系数根据下列公式进行计算：

$$\alpha_1 = \begin{vmatrix} x_2 & y_2 & z_2 \\ x_3 & y_3 & z_3 \\ x_4 & y_4 & z_4 \end{vmatrix} \qquad \alpha_2 = -\begin{vmatrix} x_1 & y_1 & z_1 \\ x_3 & y_3 & z_3 \\ x_4 & y_4 & z_4 \end{vmatrix}$$

$$\alpha_3 = \begin{vmatrix} x_1 & y_1 & z_1 \\ x_2 & y_2 & z_2 \\ x_4 & y_4 & z_4 \end{vmatrix} \qquad \alpha_4 = -\begin{vmatrix} x_1 & y_1 & z_1 \\ x_2 & y_2 & z_2 \\ x_3 & y_3 & z_3 \end{vmatrix}$$

$$\beta_1 = -\begin{vmatrix} 1 & y_2 & z_2 \\ 1 & y_3 & z_3 \\ 1 & y_4 & z_4 \end{vmatrix} \qquad \beta_2 = \begin{vmatrix} 1 & y_1 & z_1 \\ 1 & y_3 & z_3 \\ 1 & y_4 & z_4 \end{vmatrix}$$

$$\beta_3 = - \begin{vmatrix} 1 & y_1 & z_1 \\ 1 & y_2 & z_2 \\ 1 & y_4 & z_4 \end{vmatrix} \qquad \beta_4 = \begin{vmatrix} 1 & y_1 & z_1 \\ 1 & y_2 & z_2 \\ 1 & y_3 & z_3 \end{vmatrix}$$

$$\gamma_1 = \begin{vmatrix} 1 & x_2 & z_2 \\ 1 & x_3 & z_3 \\ 1 & x_4 & z_4 \end{vmatrix} \qquad \gamma_2 = - \begin{vmatrix} 1 & x_1 & z_1 \\ 1 & x_3 & z_3 \\ 1 & x_4 & z_4 \end{vmatrix}$$

$$\gamma_3 = \begin{vmatrix} 1 & x_1 & z_1 \\ 1 & x_2 & z_2 \\ 1 & x_4 & z_4 \end{vmatrix} \qquad \gamma_4 = - \begin{vmatrix} 1 & x_1 & z_1 \\ 1 & x_2 & z_2 \\ 1 & x_3 & z_3 \end{vmatrix} \qquad (3.67)$$

$$\delta_1 = - \begin{vmatrix} 1 & x_2 & y_2 \\ 1 & x_3 & y_3 \\ 1 & x_4 & y_4 \end{vmatrix} \qquad \delta_2 = \begin{vmatrix} 1 & x_1 & y_1 \\ 1 & x_3 & y_3 \\ 1 & x_4 & y_4 \end{vmatrix}$$

$$\delta_3 = - \begin{vmatrix} 1 & x_1 & y_1 \\ 1 & x_2 & y_2 \\ 1 & x_4 & y_4 \end{vmatrix} \qquad \delta_4 = \begin{vmatrix} 1 & x_1 & y_1 \\ 1 & x_2 & y_2 \\ 1 & x_3 & y_3 \end{vmatrix}$$

矩阵 D 也称为本构矩阵或弹性矩阵，其表达式为：

$$D = \frac{E}{(1+\mu)(1-2\mu)} \begin{bmatrix} 1-\mu & \mu & \mu & 0 & 0 & 0 \\ \mu & 1-\mu & \mu & 0 & 0 & 0 \\ \mu & \mu & 1-\mu & 0 & 0 & 0 \\ 0 & 0 & 0 & \frac{1-2\mu}{2} & 0 & 0 \\ 0 & 0 & 0 & 0 & \frac{1-2\mu}{2} & 0 \\ 0 & 0 & 0 & 0 & 0 & \frac{1-2\mu}{2} \end{bmatrix} \qquad (3.68)$$

如果是独立四面体实体单元系统，则系统总体刚度矩阵为 $12n \times 12n$ 阶，n 为系统节点数量，用 K 表示，U 表示整体坐标系中系统的节点位移列阵，F 表示整体坐标系中系统的节点力列阵，均为 $12n \times 1$ 阶，有：

$$K \cdot U = F \qquad (3.69)$$

求解处理后的方程组可得到整体坐标系中的节点位移，然后通过式（3.70）求解单元应力列阵：

$$\sigma_e = DBU_e \qquad (3.70)$$

式中 σ_e 表示局部坐标系中的单元应力列阵，U_e 表示整体坐标系中的单元节点位移列阵。

Feon 中的 Tetra3D11 代表四面体实体单元，定义在 Feon.sa.element.py 模块，继承于 SoildElement 类。该单元输入 3 个必选参数：节点 nodes，材料弹性模量 E，泊松比 μ。节点 nodes 可以是列表 list、元组 tuple 或 Numpy.ndarray，且长度不小于 4，即节点个数至少为 4。

```
e = Tetra3D11 (nodes,E,nu)
nodes = (node_1,node_2,node_3,node_4)或[node_1,node_2,node_3,node_4]
```

单元定义如下。

```python
class Tetra3D11(SoildElement):

    #重写__init__方法,输入两个新参数 E,nu
    def __init__(self,nodes,E,nu):
        SoildElement.__init__(self,nodes)
        self.E = E
        self.nu = nu

    #计算四面体体积,需要注意的是节点输入顺序必须使得体积为正
    def init_nodes(self,nodes):
        V = np.ones((4,4))
        for i,nd in enumerate(nodes):
            V[i,1:] = nd.coord
        self._volume = abs(np.linalg.det(V)/6.)

    #设置单元应力 keys,包括正应力和剪应力
    def init_keys(self):
        self.set_eIk(("sx","sy","sz","sxy","syz","szx"))

    #设置单元节点自由度
    def init_unknowns(self):
        for nd in self.nodes:
            nd.init_unknowns("Ux","Uy","Uz")
        self._ndof = 3

    #计算应变矩阵 B
    def calc_B(self):
        self._B = _calc_B_for_tetra3d11(self.nodes,self.volume)

    #计算本构矩阵 D
    def calc_D(self):
```

```
    self._D = _calc_D_for_tetra3d11(self.E,self.nu)
```

#计算并返回应变矩阵 B
```
def _calc_B_for_tetra3d11(nodes,volume):
    A = np.ones((4,4))
    belta = np.zeros(4)
    gama = np.zeros(4)
    delta = np.zeros(4)
    for i,nd in enumerate(nodes):
        A[i,1:] = nd.coord
    for i in xrange(4):
        belta[i] = (-1)**(i+1)*np.linalg.det(np.delete(np.delete(A,i,0),1,1))
        gama[i] = (-1)**(i+2)*np.linalg.det(np.delete(np.delete(A,i,0),2,1))
        delta[i] = (-1)**(i+1)*np.linalg.det(np.delete(np.delete(A,i,0),3,1))

    B = 1./(6.*volume)*np.array([[belta[0],0.,0.,belta[1],0.,0.,belta[2],0.,
0.,belta[3],0.,0.],
[0.,gama[0],0.,0.,gama[1],0.,0.,gama[2],0.,0.,gama[3],0.],[0.,0.,delta[0],0.,
0.,delta[1],0.,0.,delta[2],0.,0.,delta[3]],
[gama[0],belta[0],0.,gama[1],belta[1],0.,gama[2],belta[2],0,gama[3],belta
[3],0.],
[0.,delta[0],gama[0],0.,delta[1],gama[1],0.,delta[2],gama[2],0.,delta[3],
gama[3]],
[delta[0],0.,belta[0],delta[1],0.,belta[1],delta[2],0.,belta[2],delta[3],0,
belta[3]]])
    return B
```

#计算并返回本构矩阵 D
```
def _calc_D_for_tetra3d11(E = 1.,nu = 1.):
    a = E/(1+nu)/(1-2*nu)
    b = 1.-nu
    c = (1.-2*nu)/2.
    D = a*np.array([[b,nu,nu,0.,0.,0.],
                    [nu,b,nu,0.,0.,0.],
                    [nu,nu,b,0.,0.,0.],
                    [0.,0.,0.,c,0.,0.],
                    [0.,0.,0.,0.,c,0.],
                    [0.,0.,0.,0.,0.,c]])
    return D
```

例 3.14 采用四面体单元计算例 3.13。

将该板离散为 5 个四面体单元，如图 3.28 所示。求解域离散见表 3.14。

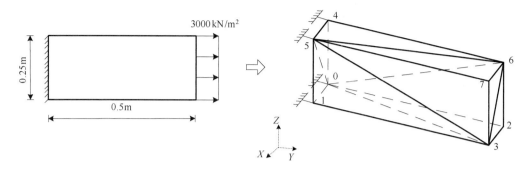

图 3.28　薄板三维离散图

表 3.14　例 3.14 单元组成

单元编号	节点 1	节点 2	节点 3	节点 4
0	0	1	3	5
1	0	3	2	6
2	5	4	6	0
3	5	6	7	3
4	0	5	3	6

运行文件 3-13-tetra3d_test.py，其内容如下。

```
from feon.sa import *
if __name__ == "__main__":
    E = 210e6
    nu = 0.3

    n0 = Node(0,0,0)
    n1 = Node(0.025,0,0)
    n2 = Node(0,0.5,0)
    n3 = Node(0.025,0.5,0)
    n4 = Node(0,0,0.25)
    n5 = Node(0.025,0,0.25)
    n6 = Node(0,0.5,0.25)
    n7 = Node(0.025,0.5,0.25)
    e0 = Tetra3D11((n0,n1,n3,n5),E,nu)
    e1 = Tetra3D11((n0,n3,n2,n6),E,nu)
    e2 = Tetra3D11((n5,n4,n6,n0),E,nu)
    e3 = Tetra3D11((n5,n6,n7,n3),E,nu)
    e4 = Tetra3D11((n0,n5,n3,n6),E,nu)
```

```
s = System()
s.add_nodes(n0,n1,n2,n3,n4,n5,n6,n7)
s.add_elements(e0,e1,e2,e3,e4)
s.add_node_force(2,Fy = 3.125)
s.add_node_force(7,Fy = 3.125)
s.add_node_force(3,Fy = 6.25)
s.add_node_force(6,Fy = 6.25)
s.add_fixed_sup(0,1,4,5)

s.solve()
```

计算完成后，获取节点和单元信息。

```
>>>[el.stress["sy"] for el in [e0,e1,e2,e3,e4]]
[array([[ 3436.50865318]]), array([[ 2769.42063395]]),
array([[ 3436.50865318]]), array([[ 2769.42063395]]),
array([[ 2794.07071286]])]
>>>[el.stress["sz"] for el in [e0,e1,e2,e3,e4]]
[array([[ 1472.78942279]]), array([[ 710.23015877]]),
array([[ 1472.78942279]]), array([[ 710.23015877]]),
array([[ 794.48307364]])]
>>>n2.disp
{'Uy': 6.0819855243470539e−06, 'Ux': −3.5032318539272826e−09,
'Uz': 9.0339007178394586e−08, 'Phz': 0.0, 'Phy': 0.0, 'Phx': 0.0}
>>>n3.disp
{'Uy': 6.0781785702559391e−06, 'Ux': −1.2701549584154542e−07,
'Uz': 5.5510632718252819e−08, 'Phz': 0.0, 'Phy': 0.0, 'Phx': 0.0}
>>>n6.disp
{'Uy': 6.0781785702559417e−06, 'Ux': 1.270154958416199e−07,
'Uz': −5.5510632718254884e−08, 'Phz': 0.0, 'Phy': 0.0, 'Phx': 0.0}
>>>n7.disp
{'Uy': 6.0819855243470531e−06, 'Ux': 3.5032318540017855e−09,
'Uz': −9.0339007178396625e−08, 'Phz': 0.0, 'Phy': 0.0, 'Phx': 0.0}
```

第 4 章

快速自定义

4.1 自定义单元

当读者需要使用 Feon 中没有的单元时，可通过"类"的继承性快速实现自定义。下面就以二次杆单元、一端转动自由度释放的二维梁单元、四边形实体单元、四边形 Mindlin 板单元及六面体实体单元进行自定义单元的介绍。

4.1.1 二次杆单元

以一维二次杆单元为例。二次杆单元有 3 个节点，一维单元每个节点有 1 个自由度（Ux），则二次单元有 3 个自由度（Ux = None），一维单元局部坐标系和整体坐标系中的刚度矩阵相同，假设杆材料弹性模量为 E，截面面积为 A，长度为 L，则一维二次杆单元的刚度矩阵为：

$$k_e = K_e = \frac{EA}{3L}\begin{bmatrix} 7 & 1 & -8 \\ 1 & 7 & -8 \\ -8 & -8 & 16 \end{bmatrix} \tag{4.1}$$

$$\underset{i}{\bullet} \xrightarrow[\hspace{1cm} L \hspace{1cm}]{\overset{E 、 A}{\underset{k}{\bullet}}} \underset{j}{\bullet} \dashrightarrow$$

📢 需要注意的是，刚度矩阵中的第三行和第三列对应于中间节点 k 的节点位移。

如果是独立一维二次杆单元系统，则系统总体刚度矩阵为 $3n \times 3n$ 阶，n 为系统的节点数量，用 $\boldsymbol{K}$ 表示，$\boldsymbol{U}$ 表示整体坐标系中系统的节点位移列阵，$\boldsymbol{F}$ 表示整体坐标系中系统的节点力列阵，均为 $3n \times 1$ 阶，有：

$$\boldsymbol{K} \cdot \boldsymbol{U} = \boldsymbol{F} \tag{4.2}$$

求解处理过的方程组可得到整体坐标系中的节点位移，然后通过式（4.3）求解单元力：

$$f_e = K_e U_e \tag{4.3}$$

式中 f_e 表示局部坐标系中的单元力列阵，U_e 表示整体坐标系中的单元节点位移列阵。根据 Feon 的命名规则，将一维二次杆单元命名为 Link1D21，其定义可以继承 StructElement 或

Link1D11 类。如果继承 Link1D11 类，定义如下。

```python
class Link1D21(Link1D11):

    #计算坐标转换矩阵
    def calc_T(self):
        self._T = np.array([[1,0,0],
                            [0,1,0],
                            [0,0,1]])

    #计算局部坐标系中的刚度矩阵
    def calc_ke(self):
        self._ke = _calc_ke_for_link1D21(E = self.E,A = self.A,L = self.volume)

#计算并返回局部坐标系中的刚度矩阵
def _calc_ke_for_link1D21(E = 1.,A = 1.,L = 1.):
    a = E * A / L / 3.
    return a * np.array([[7,1, -8],
                         [1,7, -8],
                         [ -8, -8,16]])
```

由于一维单元局部坐标系和整体坐标系中的单元刚度矩阵一致，还可以更简单地定义为：

```python
class Link1D21(Link1D11):

    #计算整体坐标系中的刚度矩阵
    def calc_Ke(self):
        self._Ke = _calc_ke_for_link1D21(E = self.E,A = self.A,L = self.volume)

#计算并返回局部坐标系中的刚度矩阵，与整体坐标系中的一致
def _calc_ke_for_link1D21(E = 1.,A = 1.,L = 1.):
    a = E * A / L / 3.
    return a * np.array([[7,1, -8],
                         [1,7, -8],
                         [ -8, -8,16]])
```

例 4.1　采用二次杆单元求解例 3.4。

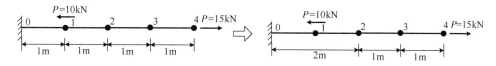

图 4.1　二次杆单元计算示例

将图 4.1（a）重新划分单元，离散成一个二次杆单元和两个一次杆单元，如图 4.1（b）所示。求解域离散见表 4.1。

表 4.1　例 4.1 单元组成

单元编号	节点 i	节点 j	节点 k
0	0	2	1
1	2	3	
2	3	4	

运行文件 4-1-mixed_test.py，其内容如下。

```python
from feon.sa import *
if __name__ == "__main__":
    E = 70e6
    A = 0.005

    n0 = Node(0,0)
    n1 = Node(1,0)
    n2 = Node(2,0)
    n3 = Node(3,0)
    n4 = Node(4,0)

    #二次单元三个节点顺序为先端点，后中间节点
    e0 = Link1D21((n0,n2,n1),E,A)
    e1 = Link1D11((n2,n3),E,A)
    e2 = Link1D11((n3,n4),E,A)

    s = System()
    s.add_nodes(n0,n1,n2,n3,n4)
    s.add_elements(e0,e1,e2)
    s.add_node_force(1,Fx = -10)
    s.add_node_force(4,Fx = 15)
    s.add_fixed_sup(0)

    s.solve()
```

计算完成后，查看节点和单元信息。

```
>>> n1.disp
{'Phz': 0.0, 'Uy': 0.0, 'Ux': 1.7857142857142858e-05}
>>> n2.disp
{'Phz': 0.0, 'Uy': 0.0, 'Ux': 5.7142857142857142e-05}
>>> n3.disp
{'Phz': 0.0, 'Uy': 0.0, 'Ux': 0.0001}
>>> n4.disp
{'Phz': 0.0, 'Uy': 0.0, 'Ux': 0.00014285714285714287}
>>> e0.force
{'N': array([[ -5.],
    [ 15.],
    [-10.]])}
>>> e1.force
{'N': array([[-15.],
    [ 15.]])}
>>> e2.force
{'N': array([[-15.],
    [ 15.]])}
```

可以看出，和例 3.4 的计算结果对比，除了节点 n1 的位移有差异外，其他计算结果一致。

除了继承 Link1D11 类外，还可以继承 StructElement 类进行定义，但需要重写其 __init__() 方法，因为 StructElement 的 __init__() 方法只有一个输入参数节点 nodes；还需要设置单元节点自由度和设置单元信息 keys。定义如下。

```
class Link1D21(StructElement):

    #重写__init__()方法,传入新参数 E,A
    def __init__(self,nodes,E,A):
        StructElement.__init__(self,nodes)
        self.E = E
        self.A = A

    #设置单元信息 keys,杆单元只有轴力
    def init_keys(self):
        self.set_eIk(["N"])

    #设置单元节点自由度
    def init_unknowns(self):
```

```
        for nd in self.nodes:
            nd.init_unknowns("Ux")
        self._ndof = 1


    #计算整体坐标系中的单元刚度矩阵
    #一维杆单元局部坐标系和整体坐标系中的刚度矩阵相同
    def calc_Ke(self):
        self._Ke = _calc_ke_for_link1D21(E = self.E,A = self.A,L = self.volume)


#计算并返回单元局部坐标系中的刚度矩阵
def _calc_ke_for_link1d21(E = 1.,A = 1.,L = 1.):
    a = E * A/L/3.
    return a * np.array([[7,1, -8],
                         [1,7, -8],
                         [ -8, -8,16]])
```

如果定义二维二次杆单元和三维二次杆单元，只需重新定义一维二次杆单元的坐标转换矩阵，并重新设置单元节点自由度即可，读者可尝试自行定义。

4.1.2 自由度释放的梁单元

在工程中有时会遇到如图 4.2 所示的情况，单元 12 通过铰接点与单元 23、单元 24 相连，在节点 2 处每个单元的线位移相同，但有着不同的转动。单元 12 一端为刚接，一端为铰接，铰接端不承受弯矩，即在节点 2 处转动自由度释放了。根据自由度释放方法可以计算单元 12 的刚度矩阵，完成单元定义后即可加入到有限元系统进行计算。

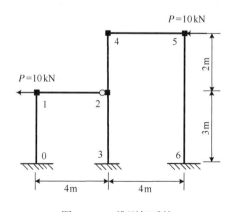

图 4.2 二维刚架系统

自由度释放的矩阵表达式为：

$$k_e^* = k_{e0} - k_{e0c}k_{ecc}^{-1}k_{ec0} \tag{4.4}$$

其中：k_e^* 表示自由度释放后的单元刚度矩阵，k_{e0} 表示原单元刚度矩阵在删除需要释放的自由度所对应的行和列之后所保留的矩阵，k_{e0c} 表示需要释放的自由度在刚度矩阵中对应的列（不包含 k_{ecc}），k_{ec0} 表示需要释放的自由度在刚度矩阵中对应的行（不包含 k_{ecc}）。现结合上面的问题举例如下。二维梁单元在局部坐标系中的单元刚度矩阵为：

$$k_e = \begin{bmatrix} \dfrac{EA}{L} & 0 & 0 & -\dfrac{EA}{L} & 0 & 0 \\[2mm] 0 & \dfrac{12EI}{L^3} & \dfrac{6EI}{L^2} & 0 & -\dfrac{12EI}{L^3} & \dfrac{6EI}{L^2} \\[2mm] 0 & \dfrac{6EI}{L^2} & \dfrac{4EI}{L} & 0 & -\dfrac{6EI}{L^2} & \dfrac{2EI}{L} \\[2mm] -\dfrac{EA}{L} & 0 & 0 & \dfrac{EA}{L} & 0 & 0 \\[2mm] 0 & -\dfrac{12EI}{L^3} & -\dfrac{6EI}{L^2} & 0 & \dfrac{12EI}{L^3} & -\dfrac{6EI}{L^2} \\[2mm] 0 & \dfrac{6EI}{L^2} & \dfrac{2EI}{L} & 0 & -\dfrac{6EI}{L^2} & \dfrac{4EI}{L} \end{bmatrix} \tag{4.5}$$

对于图 4.2 中的情况，假设单元节点的顺序为 1 ~ 2，2 节点的转角对应于刚度矩阵中的第 6 行和第 6 列。k_{ecc} 为第 6 行和第 6 列对应的元素：

$$k_{ecc} = \begin{bmatrix} \dfrac{4EI}{L} \end{bmatrix} \tag{4.6}$$

删除第 6 行和第 6 列，k_{e0} 变为 5×5 阶：

$$k_{e0} = \begin{bmatrix} \dfrac{EA}{L} & 0 & 0 & -\dfrac{EA}{L} & 0 \\[2mm] 0 & \dfrac{12EI}{L^3} & \dfrac{6EI}{L^2} & 0 & -\dfrac{12EI}{L^3} \\[2mm] 0 & \dfrac{6EI}{L^2} & \dfrac{4EI}{L} & 0 & -\dfrac{6EI}{L^2} \\[2mm] -\dfrac{EA}{L} & 0 & 0 & \dfrac{EA}{L} & 0 \\[2mm] 0 & -\dfrac{12EI}{L^3} & -\dfrac{6EI}{L^2} & 0 & \dfrac{12EI}{L^3} \end{bmatrix} \tag{4.7}$$

k_{e0c}、k_{ec0} 分别为不包含 k_{ecc} 的第 6 列和第 6 行：

$$k_{e0c} = \begin{bmatrix} 0 \\[2mm] \dfrac{6EI}{L^2} \\[2mm] \dfrac{2EI}{L} \\[2mm] 0 \\[2mm] -\dfrac{6EI}{L^2} \end{bmatrix} \qquad k_{ec0} = \begin{bmatrix} 0 & \dfrac{6EI}{L^2} & \dfrac{2EI}{L} & 0 & -\dfrac{6EI}{L^2} \end{bmatrix} \tag{4.8}$$

则根据公式（4.4）计算可得到单元 12 在局部坐标系中的单元刚度矩阵为：

$$
k_e^* = \begin{bmatrix}
\dfrac{EA}{L} & 0 & 0 & -\dfrac{EA}{L} & 0 \\
0 & \dfrac{12EI}{L^3} & \dfrac{6EI}{L^2} & 0 & -\dfrac{12EI}{L^3} \\
0 & \dfrac{6EI}{L^2} & \dfrac{4EI}{L} & 0 & -\dfrac{6EI}{L^2} \\
-\dfrac{EA}{L} & 0 & 0 & \dfrac{EA}{L} & 0 \\
0 & -\dfrac{12EI}{L^3} & -\dfrac{6EI}{L^2} & 0 & \dfrac{12EI}{L^3}
\end{bmatrix}
- \begin{bmatrix}
0 \\ \dfrac{6EI}{L^2} \\ \dfrac{2EI}{L} \\ 0 \\ -\dfrac{6EI}{L^2}
\end{bmatrix}
\dfrac{L}{4EI}
\begin{bmatrix} 0 & \dfrac{6EI}{L^2} & \dfrac{2EI}{L} & 0 & -\dfrac{6EI}{L^2} \end{bmatrix}
$$

$$
= \begin{bmatrix}
\dfrac{EA}{L} & 0 & 0 & -\dfrac{EA}{L} & 0 \\
0 & \dfrac{3EI}{L^3} & \dfrac{3EI}{L^2} & 0 & -\dfrac{3E}{L^3} \\
0 & \dfrac{3EI}{L^2} & \dfrac{3EI}{L} & 0 & -\dfrac{3EI}{L^2} \\
-\dfrac{EA}{L} & 0 & 0 & \dfrac{EA}{L} & 0 \\
0 & -\dfrac{3EI}{L^3} & -\dfrac{3EI}{L^2} & 0 & \dfrac{3EI}{L^3}
\end{bmatrix}
\tag{4.9}
$$

以上运算得到了转动自由度释放的二维梁单元的刚度矩阵，为了让其保留节点自由度释放前的阶数，将释放自由度对应的行和列用零元素补齐。则可得到：

$$
k_e = \begin{bmatrix}
\dfrac{EA}{L} & 0 & 0 & -\dfrac{EA}{L} & 0 & 0 \\
0 & \dfrac{3EI}{L^3} & \dfrac{3EI}{L^2} & 0 & -\dfrac{3EI}{L^3} & 0 \\
0 & \dfrac{3EI}{L^2} & \dfrac{3EI}{L} & 0 & -\dfrac{3EI}{L^2} & 0 \\
-\dfrac{EA}{L} & 0 & 0 & \dfrac{EA}{L} & 0 & 0 \\
0 & -\dfrac{3EI}{L^3} & -\dfrac{3EI}{L^2} & 0 & \dfrac{3EI}{L^3} & 0 \\
0 & 0 & 0 & 0 & 0 & 0
\end{bmatrix}
\tag{4.10}
$$

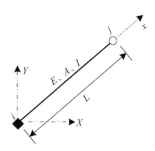

如果是节点 1 释放了转动自由度，按照同样的方法，可以得到其单元刚度矩阵为：

$$
k_e = \begin{bmatrix}
\dfrac{EA}{L} & 0 & 0 & -\dfrac{EA}{L} & 0 & 0 \\
0 & \dfrac{3EI}{L^3} & 0 & 0 & -\dfrac{3EI}{L^3} & \dfrac{3EI}{L^2} \\
0 & 0 & 0 & 0 & 0 & 0 \\
-\dfrac{EA}{L} & 0 & 0 & \dfrac{EA}{L} & 0 & 0 \\
0 & -\dfrac{3EI}{L^3} & 0 & 0 & \dfrac{3EI}{L^3} & -\dfrac{3EI}{L^2} \\
0 & \dfrac{3EI}{L^2} & 0 & 0 & -\dfrac{3EI}{L^2} & \dfrac{3EI}{L}
\end{bmatrix} \tag{4.11}
$$

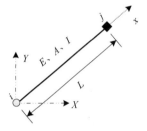

如果两个节点均不能转动，则释放后的单元刚度矩阵为：

$$
k_e = \begin{bmatrix}
\dfrac{EA}{L} & 0 & 0 & -\dfrac{EA}{L} & 0 & 0 \\
0 & 0 & 0 & 0 & 0 & 0 \\
0 & 0 & 0 & 0 & 0 & 0 \\
-\dfrac{EA}{L} & 0 & 0 & \dfrac{EA}{L} & 0 & 0 \\
0 & 0 & 0 & 0 & 0 & 0 \\
0 & 0 & 0 & 0 & 0 & 0
\end{bmatrix} \tag{4.12}
$$

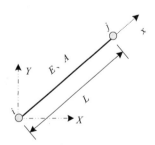

即退化成二维杆单元。确定了单元在局部坐标系中的刚度矩阵，就能定义该类型的单元。可继承于 Beam2D11 或 StructElement 类。将一次该类型单元命名为 BeamLink2D11 单元，继承于 StructElement 类的定义如下。

```python
class BeamLink2D11(StructElement):

    #重写__init__()方法，传入三个新的参数 E,A,I
    def __init__(self,nodes,E,A,I):
        StructElement.__init__(self,nodes)
        self.E = E
        self.A = A
        self.I = I


    #设置单元节点自由度
    #需要注意的是，节点 i 是刚接点，节点 j 是铰接点
    #节点 j 的 Phz 为已知量，但单元节点自由度取大值，仍然是 3
    def init_unknowns(self):
        self.nodes[0].init_unknowns("Ux","Uy","Phz")
        self.nodes[1].init_unknowns("Ux","Uy")
        self._ndof = 3


    #计算坐标转换矩阵，与二维梁单元一致
    def calc_T(self):
        TBase = _calc_Tbase_for_2d_beam(self.nodes)
        self._T = np.zeros((6,6))
        self._T[:3,:3] = self._T[3:,3:] = TBase


    #计算局部坐标系下的刚度矩阵
    def calc_ke(self):
        self._ke = _calc_ke_for_2d_beamlink (E = self.E,
                                             A = self.A,
                                             I = self.I,
                                             L = self.volume)


#计算并返回坐标转换矩阵
def _calc_Tbase_for_2d_beam(nodes):
    x1,y1 = nodes[0].x,nodes[0].y
    x2,y2 = nodes[1].x,nodes[1].y
    le = np.sqrt((x2 - x1) ** 2 + (y2 - y1) ** 2)
    lx = (x2 - x1) / le
    mx = (y2 - y1) / le
    T = np.array([[lx,mx,0.],
                  [ - mx,lx,0.],
```

```
                [0.,0.,1.]])
    return T


#计算并返回局部坐标系中的单元刚度矩阵
def _calc_ke_for_2d_beamlink(E = 1.0,A = 1.0,I = 1.0,L = 1.0):
    a00 = E * A / L
    a03 = − a00
    a11 = 3. * E * I / L ** 3
    a12 = 3. * E * I / L ** 2
    a14 = − a11
    a22 = 3. * E * I / L
    T = np.array([[a00,  0.,   0.,  a03,  0.,0.],
                  [ 0., a11,  a12,   0., a14, 0.],
                  [ 0., a12,  a22,   0., − a12, 0.],
                  [a03,  0.,   0., a00,  0., 0.],
                  [ 0., a14, − a12,   0., a11, 0.],
                  [ 0.,  0.,   0.,   0., 0., 0.]])
    return T
```

例4.2 求解图4.2中的混合单元系统。已知材料弹性模量 $E = 210\text{GPa}$，杆件截面面积 $A = 0.005\text{m}^2$，杆件截面惯性矩 $I = 10\text{E} − 5\text{m}^3$。

对于该系统，单元离散见表4.2。

表4.2 例4.2单元组成

单元编号	节点 i	节点 j
0	0	1
1	1	2
2	2	3
3	2	4
4	4	5
5	5	6

运行文件4-2-mixed_test.py，其内容如下。

```
from sa import *
from tools import pair_wise
if __name__ == "__main__":
```

```
E = 210e6
A = 0.005
I = 10e-5

n0 = Node(0,0)
n1 = Node(0,3)
n2 = Node(4,3)
n3 = Node(4,0)
n4 = Node(4,5)
n5 = Node(8,5)
n6 = Node(8,0)
e0 = Beam2D11((n0,n1),E,A,I)

#自由度释放的梁单元
e1 = BeamLink2D11((n1,n2),E,A,I)
e2 = Beam2D11((n2,n3),E,A,I)
e3 = Beam2D11((n2,n4),E,A,I)
e4 = Beam2D11((n4,n5),E,A,I)
e5 = Beam2D11((n5,n6),E,A,I)

s = System()
s.add_nodes([n0,n1,n2,n3,n4,n5,n6])
s.add_elements([e0,e1,e2,e3,e4,e5])
s.add_node_force(1,Fx = -10)
s.add_node_force(5,Fx = -10)
s.add_fixed_sup(0,3,6)

s.solve()
```

计算完成后，查看节点和单元信息。

```
>>> e1
BeamLink2D11 Element: (Node:(0.0,3.0), Node:(4.0,3.0))
>>> n1.disp
{'Phz': 0.00063477320288780003, 'Uy': -7.1457353002212659e-06, 'Ux':
-0.0019841199357977265}
>>> n2.disp
{'Phz': 0.00094585530786821411, 'Uy': -8.7588082721376185e-06, 'Ux'
-0.0019827166134879469}
```

```
>>> n4.disp
{'Phz': 0.0003583267822345537, 'Uy': -1.9361837320376869e-05, 'Ux':
-0.003442291699349417}
>>> n5.disp
{'Phz': 0.00037148062996298232, 'Uy': 2.650757262059813e-05, 'Ux':
-0.0034609393513217934}
>>> e0.force
{'Ty': array([[ -9.63162789],
      [ 9.63162789]]), 'Mz': array([[ -18.89085426],
      [ -10.00402942]]), 'N': array([[ 2.50100736],
      [ -2.50100736]])}
>>> e1.force
{'Ty': array([[ 2.50100736],
      [ -2.50100736]]), 'Mz': array([[ 10.00402942],
      [  0.        ]]), 'N': array([[ -0.36837211],
      [ 0.36837211]])}
>>> e2.force
{'Ty': array([[ -5.26338075],
      [ 5.26338075]]), 'Mz': array([[  -1.27408397],
      [ -14.51605828]]), 'N': array([[ 3.0655829],
      [ -3.0655829]])}
>>> e3.force
{'Ty': array([[ -4.89500864],
      [ 4.89500864]]), 'Mz': array([[   1.27408397],
      [ -11.06410125]]), 'N': array([[ 5.56659025],
      [ -5.56659025]])}
>>> e4.force
{'Ty': array([[ 5.56659025],
      [ -5.56659025]]), 'Mz': array([[ 11.06410125],
      [ 11.20225975]]), 'N': array([[ 4.89500864],
      [ -4.89500864]])}
>>> e5.force
{'Ty': array([[ -5.10499136],
      [ 5.10499136]]), 'Mz': array([[ -11.20225975],
      [ -14.32269704]]), 'N': array([[ -5.56659025],
      [ 5.56659025]])}
```

可以看出，节点 n2 有线位移也有转动，但单元 e1 在节点 n2 端的弯矩为 0。

三维梁单元转动自由度释放单元的定义留给读者自行完成。

4.1.3　高斯－勒让德数值积分函数

　　有限元分析中需要大量用到数值积分，笔者在 Feon.tools.py 模块中定义了高斯-勒让德（Gauss-Legrendre）数值积分函数。如果读者熟悉 Python 科学计算库 Scipy，也可以调用 Scipy.integrate 中的积分函数，还可以使用 Mpmath 库。笔者提供的数值积分函数定义过程如下，关于高斯-勒让德数值积分的计算公式读者可自行查阅相关文献。

```python
import numpy as np

#定义一重积分函数
def gl_quad1d(fun,n,x_lim = None,args = ()):

    #积分区间
    if x_lim is None:
        a,b = -1,1
    else:
        a,b = x_lim[0],x_lim[1]


    if not callable(fun):
        return (b-a) * fun
    else:

        #生成高斯－勒让德积分的积分坐标和权系数
        loc,w = np.polynomial.legendre.leggauss(n)
        s = (1/2. * (b-a) * fun((b-a) * v/2. + (a+b)/2., *args) * w[i]
            for i,v in enumerate(loc))
        return sum(s)

#定义二重积分函数
def gl_quad2d(fun,n,x_lim = None,y_lim = None,args = ()):
    if x_lim is None:
        a,b = -1,1
    else:
        a,b = x_lim[0],x_lim[1]

    if y_lim is None:
        c,d = -1,1
    else:
```

```
        c,d = y_lim[0],y_lim[1]

    if not callable(fun):
        return (b-a)*(d-c)*fun
    else:
        loc,w = np.polynomial.legendre.leggauss(n)
        s = (1/4.*(b-a)*(d-c)*fun(((b-a)*v1/2.+(a+b)/2.,
                        (d-c)*v2/2.+(c+d)/2.),*args)*w[i]*w[j]
            for i,v1 in enumerate(loc)
            for j,v2 in enumerate(loc))
        return sum(s)


#定义三重积分函数
def gl_quad3d(fun,n,x_lim = None,y_lim = None,z_lim = None,args = ()):
    if x_lim is None:
        a,b = -1,1
    else:
        a,b = x_lim[0],x_lim[1]

    if y_lim is None:
        c,d = -1,1
    else:
        c,d = y_lim[0],y_lim[1]

    if z_lim is None:
        e,f = -1,1
    else:
        e,f = z_lim[0],z_lim[1]

    if not callable(fun):
        return (b-a)*(d-c)*(f-e)*fun
    else:
        loc,w = np.polynomial.legendre.leggauss(n)
        s = (1/8.*(b-a)*(d-c)*(f-e)*fun(((b-a)*v1/2.+(a+b)/2.,
                        (d-c)*v2/2.+(c+d)/2.,
                        (f-e)*v3/2.+(e+f)/2.),*args)*w[i]*w[j]*w[k]
        for i,v1 in enumerate(loc)
        for j,v2 in enumerate(loc)
        for k,v3 in enumerate(loc))
        return sum(s)
```

例 4.3　求解下列积分。

$$I_1 = \int_{-1}^{1} \frac{\mathrm{d}x}{1 + x^2}$$

$$I_2 = \int_{-1}^{1} \sqrt{(1 + x^2 + y)}\,\mathrm{d}x\mathrm{d}y$$

$$I_3 = \int_{0}^{1} \int_{-1}^{0} \int_{-1}^{1} ayze^{bx}\,\mathrm{d}x\mathrm{d}y\mathrm{d}z \quad (a = 1, b = 1)$$

从 Feon.tools.py 模块中导入 Gauss-Legrendre 的一、二、三重数值积分函数。

```
>>> from feon.tools import gl_quad1d, gl_quad2d, gl_quad3d
```

对于积分 I_1，定义积分函数 $\dfrac{1}{(1 + x^2)}$。

```
>>> def func1(x):
        return 1./(1 + x ** 2)
```

直接调用 gl_quad1d(fun, n, x_lim, args) 函数求解一重积分，参数 n 表示积分点数，整数类型；x_lim 表示积分区间，可以是列表、元组或 Numpy.ndarray 类型，默认为[−1, 1]；args表示积分函数常数，类型为元组。

```
>>> res1 = gl_quad1d(func1, 5)
>>> res1
1.5711711711711711
```

对于积分 I_2，定义积分函数为：

```
>>> def func2(x):
        return (1 + x[0] ** 2 + x[1]) ** 0.5
```

📢 需要注意的是，在定义积分函数时，传入的参数必须是长度为 2 的列表 list、元组 tuple 或者 Numpy.ndarray 类型。

调用 gl_quad2d(fun, n, x_lim, y_lim, args) 函数求解二重积分。

```
>>> res2 = gl_quad2d(func2, 3)
>>> res2
4.4437485416009181
```

对于积分 I_3，定义积分函数为：

```
>>>def func3(x,a,b):
        return a*x[0]*x[1]*np.e**(b*x[2])
```

调用 gl_quad3d(fun,n,x_lim,y_lim,z_lim,args)函数求解三重积分。

```
>>>res3 = gl_quad3d(func3,3,x_lim = [0,1],y_lim = [ -1,0],args =(1,1))
>>>res3
-0.58760052303909405
```

📢 需要注意是，由于积分函数有 2 个常数，可以求解时通过设置积分函数的 args 参数传入，args 参数必须是元组 tuple 类型，且其长度必须与积分函数中的常数个数一致。如果积分函数只有一个常数，输入必须写成 args =(a,)的形式。

如：

$$I_4 = \frac{1}{16} \int_{-1}^{1} \int_{-1}^{1} \int_{-1}^{1} a(u-1)(v+1)e^x dx du dv$$

```
>>>def func4(x,a):
        return 1/16.*a*(x[0] -1)*(x[1] +1)*np.e**(x[2])
>>>res4 = gl_quad3d(func4,n = 4,args =(1,))
>>>res4
-0.58760052303909405
```

4.1.4 四边形实体单元

四边形实体单元每个节点有 2 个自由度（Ux 和 Uy），一次单元有 8 个自由度（Ux = None，Uy = None），则一次四边形实体单元的单元刚度矩阵为 8 × 8 阶。该单元局部坐标系和整体坐标系一致，则整体坐标系中的刚度矩阵和局部坐标系中的刚度矩阵相同。假设四边形的 4 个顶点坐标分别为(x_1, y_1)，(x_2, y_2)，(x_3, y_3)，(x_4, y_4)，需要注意的是节点顺序为逆时针。单元材料弹性模量为 E，泊松比为 μ，厚度为 t，则一次单元的刚度矩阵表示为：

$$k_e = K_e = t \int_{-1}^{1} \int_{-1}^{1} B^T DB |J| d\xi d\eta \tag{4.13}$$

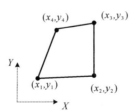

其中矩阵 B 也称为应变矩阵，表示为：

$$B = \frac{1}{|J|}[B_1 \quad B_2 \quad B_3 \quad B_4] \tag{4.14}$$

B_i 表示为：

$$B_i = \begin{bmatrix} a\dfrac{\partial N_i}{\partial \xi} - b\dfrac{\partial N_i}{\partial \eta} & 0 \\[3mm] 0 & c\dfrac{\partial N_i}{\partial \eta} - d\dfrac{\partial N_i}{\partial \xi} \\[3mm] c\dfrac{\partial N_i}{\partial \eta} - d\dfrac{\partial N_i}{\partial \xi} & a\dfrac{\partial N_i}{\partial \xi} - b\dfrac{\partial N_i}{\partial \eta} \end{bmatrix} \tag{4.15}$$

式中 N_i 为单元形函数，表示为：

$$N_1 = \frac{1}{4}(1 - \xi)(1 - \eta)$$

$$N_2 = \frac{1}{4}(1 + \xi)(1 - \eta)$$

$$N_3 = \frac{1}{4}(1 + \xi)(1 + \eta) \tag{4.16}$$

$$N_4 = \frac{1}{4}(1 - \xi)(1 + \eta)$$

系数 a, b, c, d 表示为：

$$a = \frac{1}{4}[y_1(\xi - 1) + y_2(-1 - \xi) + y_3(1 + \xi) + y_4(1 - \xi)]$$

$$b = \frac{1}{4}[y_1(\eta - 1) + y_2(1 - \eta) + y_3(1 + \eta) + y_4(-1 - \eta)]$$

$$c = \frac{1}{4}[x_1(\eta - 1) + x_2(1 - \eta) + x_3(1 + \eta) + x_4(-1 - \eta)] \tag{4.17}$$

$$d = \frac{1}{4}[x_1(\xi - 1) + x_2(-1 - \xi) + x_3(1 + \xi) + x_4(1 - \xi)]$$

J 为雅可比矩阵，其行列式表示为：

$$|J| = \frac{1}{8}[x_1 \quad x_2 \quad x_3 \quad x_4]\begin{bmatrix} 0 & 1 - \eta & \eta - \xi & \xi - 1 \\ \eta - 1 & 0 & \xi + 1 & -\xi - \eta \\ \xi - \eta & -\xi - 1 & 0 & \eta + 1 \\ 1 - \xi & \xi + \eta & -\eta - 1 & 0 \end{bmatrix}\begin{bmatrix} y_1 \\ y_2 \\ y_3 \\ y_4 \end{bmatrix} \tag{4.18}$$

矩阵 D 也称为本构矩阵或弹性矩阵，对于平面应力问题，其表达式为：

$$D = \frac{E}{1 - \mu^2}\begin{bmatrix} 1 & \mu & 0 \\ \mu & 1 & 0 \\ 0 & 0 & \dfrac{1 - \mu}{2} \end{bmatrix} \tag{4.19}$$

对于平面应变问题，其表达式为：

$$D = \frac{E}{(1+\mu)(1-2\mu)} \begin{bmatrix} 1-\mu & \mu & 0 \\ \mu & 1-\mu & 0 \\ 0 & 0 & \dfrac{1-2\mu}{2} \end{bmatrix} \tag{4.20}$$

如果是独立四边形实体单元系统，则系统总体刚度矩阵为 $8n \times 8n$ 阶，n 为系统节点数量，用 $\boldsymbol{K}$ 表示，$\boldsymbol{U}$ 表示整体坐标系中系统的节点位移列阵，$\boldsymbol{F}$ 表示整体坐标系中系统的节点力列阵，均为 $8n \times 1$ 阶，有：

$$\boldsymbol{K} \cdot \boldsymbol{U} = \boldsymbol{F} \tag{4.21}$$

求解处理过的方程组可得到整体坐标系中的节点位移，然后通过式（4.22）求解单元力：

$$f_e = K_e U_e \tag{4.22}$$

式中 f_e 表示局部坐标系中的单元力列阵，U_e 表示整体坐标系中的单元节点位移列阵。

可以看出，四边形实体单元的刚度矩阵需要求解积分区间在 $[-1,1]$ 上的二重积分，积分函数的自变量为 η 和 ξ。

确定了单元刚度矩阵的计算方法，则可以定义四边形实体单元，下面以一次平面应力单元为例进行定义。将该单元命名为 Quad2D11S，继承于 SoildElement 类。

```python
class Quad2D11S(SoildElement):

    #重写__init__()方法,输入三个新的参数 E,nu,t
    def __init__(self,nodes,E,nu,t):
        SoildElement.__init__(self,nodes)
        self.E = E
        self.nu = nu
        self.t = t

    #设置单元应力 keys,分别为正应力和剪应力
    def init_keys(self):
        self.set_eIk(("sx","sy","sxy"))

    #设置单元节点自由度
    def init_unknowns(self):
        for nd in self.nodes:
            nd.init_unknowns("Ux","Uy")
        self._ndof = 2
```

```
#计算单元本构矩阵 D
def calc_D(self):
    self._D = _calc_D_for_quad2d11(self.E,self.nu)


#计算应变矩阵 B
#需要注意的是,应变矩阵 B 是 η 和 ξ 的函数
#在后处理时,获取单元中心处的应力
def calc_B(self):
    self._B,self.J = _calc_B_and_J_for_quad2d11(self.nodes,(0,0))


#计算单元刚度矩阵
#需要注意的是,调用单元的 func(x)方法作为积分函数
#并调用 gl_quad2d 求解二重积分
def calc_Ke(self):
    self.calc_B()
    self._Ke = gl_quad2d(self.func,3)


#定义单元的 func(x)方法,为单元刚度矩阵函数
#x 对应的是变量 η 和 ξ
#对该方法在区间[ -1,1]上求二重积分即可得到单元刚度矩阵
def func(self,x):
    self.calc_D()
    self.B,self.J = _calc_B_and_J_for_quad2d11(self.nodes,x)
    return self.t * np.dot(np.dot(self.B.T,self.D),self.B) * self.J

#计算并返回本构矩阵 D
def _calc_D_for_quad2d11(E = 1.,nu = 0.2):
    a = E/(1 - nu ** 2)
    D = a * np.array([[1.,nu,0.],
                      [nu,1.,0.],
                      [0.,0.,(1 - nu)/2.]])
    return D

#计算并返回应变矩阵 B 和雅可比矩阵 J 的行列式
#均为变量 η 和 ξ 的函数
def _calc_B_and_J_for_quad2d11(nodes,x):
    s = x[0]
    t = x[1]
    x1,y1 = nodes[0].x,nodes[0].y
```

```
x2,y2 = nodes[1].x,nodes[1].y
x3,y3 = nodes[2].x,nodes[2].y
x4,y4 = nodes[3].x,nodes[3].y


a = 1/4 * (y1 * (s - 1) + y2 * ( -1 - s) + y3 * (1 + s) + y4 * (1 - s))
b = 1/4 * (y1 * (t - 1) + y2 * (1 - t) + y3 * (1 + t) + y4 * ( -1 - t))
c = 1/4 * (x1 * (t - 1) + x2 * (1 - t) + x3 * (1 + t) + x4 * ( -1 - t))
d = 1/4 * (x1 * (s - 1) + x2 * ( -1 - s) + x3 * (1 + s) + x4 * (1 - s))


B100 = -1/4 * a * (1 - t) + 1/4 * b * (1 - s)
B111 = -1/4 * c * (1 - s) + 1/4 * d * (1 - t)
B120 = B111
B121 = B100


B200 = 1/4 * a * (1 - t) + 1/4 * b * (1 + s)
B211 = -1/4 * c * (1 + s) - 1/4 * d * (1 - t)
B220 = B211
B221 = B200


B300 = 1/4 * a * (1 + t) - 1/4 * b * (1 + s)
B311 = 1/4 * c * (1 + s) - 1/4 * d * (1 + t)
B320 = B311
B321 = B300


B400 = -1/4 * a * (1 + t) - 1/4 * b * (1 - s)
B411 = 1/4 * c * (1 - s) + 1/4 * d * (1 + t)
B420 = B411
B421 = B400


B = np.array([[B100,  0,B200,  0,B300,  0,B400,  0],
              [0,  B111,0,  B211,0,  B311,0,  B411],
              [B120,B121,B220,B221,B320,B321,B420,B421]])
X = np.array([x1,x2,x3,x4])
Y = np.array([y1,y2,y3,y4]).reshape(4,1)
_J = np.array([[0,1 - t,t - s,s - 1],
               [t - 1,0,s + 1, -s - t],
               [s - t, -s - 1,0,t + 1],
               [1 - s,s + t, -t - 1,0]])
J = np.dot(np.dot(X,_J),Y)/8.
return B/J,J
```

例 4.4 利用四边形实体单元求解例 3.13。

首先将薄板离散为两个四边形实体单元，如图 4.3 所示。求解域离散见表 4.3。

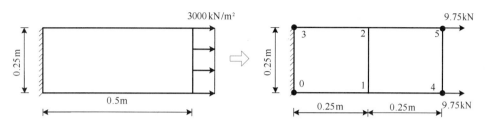

图 4.3 薄板离散示意图

表 4.3 例 4.4 单元组成

单元编号	节点 1	节点 2	节点 3	节点 4
0	0	1	2	3
1	1	4	5	2

运行文件 4-3-mixed_test.py，其内容如下。

```
from feon.sa import *
if __name__ == "__main__":
    E = 210e6
    nu = 0.3
    t = 0.025

    n0 = Node(0,0)
    n1 = Node(0.25,0)
    n2 = Node(0.25,0.25)
    n3 = Node(0,0.25)
    n4 = Node(0.50,0)
    n5 = Node(0.50,0.25)
    e0 = Quad2D11S((n0,n1,n2,n3),E,nu,t)
    e1 = Quad2D11S((n1,n4,n5,n2),E,nu,t)

    s = System()
    s.add_nodes(n0,n1,n2,n3,n4,n5)
    s.add_elements(e0,e1)
    s.add_node_force(4,Fx=9.75)
    s.add_node_force(5,Fx=9.75)
    s.add_fixed_sup(0,3)

    s.solve()
```

计算完成后，获取节点和单元信息。

```
>>>n1.disp
{'Phz': 0.0, 'Uy': 6.5708223420117123e-07, 'Ux': 3.5771246702603516e-06}
>>>n2.disp
{'Phz': 0.0, 'Uy': -6.5708223420116816e-07, 'Ux': 3.5771246702603486e-06}
>>>n3.disp
{'Phz': 0.0, 'Uy': 0.0, 'Ux': 0.0}
>>>n4.disp
{'Phz': 0.0, 'Uy': 5.2333983254960897e-07, 'Ux': 7.311251290285583e-06}
>>>n5.disp
{'Phz': 0.0, 'Uy': -5.2333983254959966e-07, 'Ux': 7.3112512902855804e-06}
>>>e0.stress
{'sxy': array([[   4.26325641e-14]]), 'sy': array([[ 384.05092327]]), 'sx':
array([[ 3120.]])}
>>>e1.stress
{'sxy': array([[   9.94759830e-14]]), 'sy': array([[ -55.55453607]]), 'sx':
array([[ 3120.]])}
```

4.1.5 四边形 Mindlin 板单元

四边形 Mindlin 板单元的每个节点有 3 个自由度（Uz、Phx 和 Phy），一次单元有 12 个自由度（Uz = None，Phx = None，Phz = None），则一次 Mindlin 板单元的单元刚度矩阵为 12 × 12 阶。假设单元的 4 个顶点坐标分别为 (x_1, y_1)，(x_2, y_2)，(x_3, y_3)，(x_4, y_4)（需要注意的是顺序为逆时针），板材料弹性模量为 E，泊松比为 μ，厚度为 t，则一次单元在局部坐标系下的刚度矩阵表示为：

$$k_e = \frac{t^3}{12} \int_{-1}^{1} \int_{-1}^{1} B_f^T D_f B_f \mid J \mid \mathrm{d}\xi\mathrm{d}\eta + \alpha t \int_{-1}^{1} \int_{-1}^{1} B_c^T D_c B_c \mid J \mid \mathrm{d}\xi\mathrm{d}\eta \qquad (4.23)$$

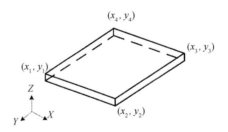

使用坐标转换矩阵将局部坐标系中的单元刚度矩阵 k_e 转换成整体坐标系中的单元刚度矩阵 K_e：

$$T^T k_e T = K_e \qquad (4.24)$$

式中 T 为坐标转换矩阵，$\alpha = \dfrac{5}{6}$，矩阵 B_f 和 B_c 分别表示为：

$$B_f = \begin{bmatrix} B_f^1 & B_f^2 & B_f^3 & B_f^4 \end{bmatrix} \tag{4.25}$$

$$B_c = \begin{bmatrix} B_c^1 & B_c^2 & B_c^3 & B_c^4 \end{bmatrix} \tag{4.26}$$

B_f^i 和 B_c^i 分别表示为:

$$B_f^i = \begin{bmatrix} 0 & \dfrac{\partial N_i}{\partial x} & 0 \\[2mm] 0 & 0 & \dfrac{\partial N_i}{y} \\[2mm] 0 & \dfrac{\partial N_i}{\partial y} & \dfrac{\partial N_i}{\partial x} \end{bmatrix} \tag{4.27}$$

$$B_c^i = \begin{bmatrix} \dfrac{\partial N_i}{\partial x} & N_i & 0 \\[2mm] \dfrac{\partial N_i}{\partial y} & 0 & N_i \end{bmatrix} \tag{4.28}$$

$$\begin{Bmatrix} \dfrac{\partial N_i}{\partial x} \\[2mm] \dfrac{\partial N_i}{\partial y} \end{Bmatrix} = J^{-1} \begin{Bmatrix} \dfrac{\partial N_i}{\partial \xi} \\[2mm] \dfrac{\partial N_i}{\partial \eta} \end{Bmatrix} \tag{4.29}$$

雅可比矩阵 J 表示为:

$$J = \begin{bmatrix} \dfrac{\partial x}{\partial \xi} & \dfrac{\partial y}{\partial \xi} \\[2mm] \dfrac{\partial x}{\partial \eta} & \dfrac{\partial y}{\partial \eta} \end{bmatrix} = \begin{bmatrix} \dfrac{\sum_1^4 x_i \partial N_i}{\partial \xi} & \dfrac{\sum_1^4 y \partial N_i}{\partial \xi} \\[2mm] \dfrac{\sum_1^4 x_i \partial N_i}{\partial \eta} & \dfrac{\sum_1^4 y_i \partial N_i}{\partial \eta} \end{bmatrix} \tag{4.30}$$

N_i 为单元形函数,表示为:

$$N_1 = \frac{1}{4}(1 - \xi)(1 - \eta)$$

$$N_2 = \frac{1}{4}(1 + \xi)(1 - \eta)$$

$$N_3 = \frac{1}{4}(1 + \xi)(1 + \eta) \tag{4.31}$$

$$N_4 = \frac{1}{4}(1 - \xi)(1 + \eta)$$

矩阵 D_f 和 D_c 分别表示为:

$$D_f = \frac{E}{1 - \mu^2} \begin{bmatrix} 1 & \mu & 0 \\ \mu & 1 & 0 \\ 0 & 0 & \dfrac{1 - \mu}{2} \end{bmatrix} \tag{4.32}$$

$$D_c = \frac{E}{1-\mu^2}\begin{bmatrix} G & 0 \\ 0 & G \end{bmatrix} \tag{4.33}$$

式中 G 为材料剪切模量。板单元上的分布荷载按式（4.34）等效到节点上：

$$f_e = \int_{-1}^{1}\int_{-1}^{1} NP\,|J|\,\mathrm{d}\xi\mathrm{d}\eta \tag{4.34}$$

如果是独立四边形 Mindlin 板单元系统，则系统总体刚度矩阵为 $12n \times 12n$ 阶，n 为系统的节点数量，用 K 表示，U 表示整体坐标系中系统的节点位移列阵，F 表示整体坐标系中系统的节点力列阵，均为 $12n \times 1$ 阶，有：

$$K \cdot U = F \tag{4.35}$$

求解处理过的方程组可得到整体坐标系中的节点位移，然后通过式（4.36）求解单元力：

$$f_e = TK_e U_e \tag{4.36}$$

式中 f_e 表示局部坐标系中的单元力列阵，U_e 表示整体坐标系中的单元节点位移列阵。

> 🔊 如果需要将 Mindlin 板单元加入到混合单元系统中，比如与梁单元、杆单元等一起进行计算，则有以下两点需要注意。
>
> （1）节点必须是三维，当局部坐标系和整体坐标系不一致时，需要定义坐标转换矩阵 T。
>
> （2）三维节点自由度为 6 个，顺序依次为 Ux、Uy、Uz、Phx、Phy 和 Phz，而 Mindlin 板单元的节点自由度为 Uz、Phx、Phy，则必须要将 Ux、Uy 和 Phz 在刚度矩阵中对应的行和列用 0 来填充，使其成为 24×24 阶，即单元刚度矩阵的 0~8 行和 0~8 列以及 21~24 行和 21~24 列全部为 0，而根据公式（4.42）计算得到的 12×12 阶矩阵添加到 9~20 行和 9~20 列。

例4.5 求解如图4.4（a）所示的薄板。已知板材料弹性模量 $E = 210\mathrm{GPa}$，泊松比 $\mu = 0.3$，厚度 $t = 0.05\mathrm{m}$，四边固支。

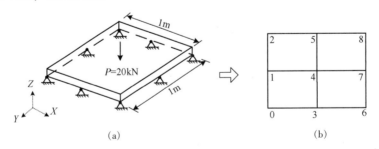

图4.4 薄板离散示意图

将该板单元离散为四个四边形 Mindlin 板单元，如图4.4（b）所示。单元组成如表4.4所示。

表4.4　例4.5单元组成

单元编号	节点1	节点2	节点3	节点4
0	0	3	4	1
1	1	4	5	2
3	3	6	7	4
4	4	7	8	5

将 Mindlin 板单元命名为 Plate3D11，定义在文件 4-4-mixed_test.py 中并求解例 4.5。其内容如下。

```
from __future__ import division
from feon.sa import *
from feon.mesh import Mesh#调用笔者定义的 Mesh 类
from feon.tools import gl_quad2d
import numpy as np

#继承于 StructElement 类
class Plate3D11(StructElement):

    #定义初始化__init__()方法,输入新的参数 E,G,nu,t
    def __init__(self,nodes,E,G,nu,t):
        StructElement.__init__(self,nodes)
        self.E = E
        self.G = G
        self.nu = nu
        self.t = t


    #设置单元节点自由度
    #为了能将单元加入到混合单元系统中,虽然自由度为 3,但设置为 6
    #同时刚度矩阵定义为 24×24 阶
    def init_unknowns(self):
        for nd in self.nodes:
            nd.init_unknowns("Uz","Phx","Phy")
        self._ndof = 6

    #计算本构矩阵 D
    def calc_D(self):
        nu = self.nu
        a = self.E/(1 - self.nu**2)
```

```
        self.Dc = np.array([[self.G,0],
                            [0,self.G]])
        self.Df = a * np.array([[1,nu,0],
                                [nu,1,0],
                                [0,0,(1 - nu)/2.]])
```

```
    #计算坐标转换矩阵 T
    #如果局部坐标系和整体坐标系不一致,需重新定义
    def calc_T(self):
        self._T = np.eye(24)
```

```
    #计算应变矩阵 B
    #后处理时,获取单元中心处的应力
    def calc_B(self):
        self.calc_D()
        Bf,Bc,self._J = _calc_B_and_J_for_plate3d11(self.nodes,(0,0,0))
        DJ = np.linalg.det(self.J)
        B = self.t ** 3/12. * np.dot(np.dot(Bf.T,self.Df),Bf) * DJ + 5/6. * self.t
* np.dot(np.dot(Bc.T,self.Dc),Bc) * DJ
        _B = np.zeros((24,24))
        _B[8:20,8:20] = B
        self._B = _B
```

```
    #计算整体坐标系中的单元刚度矩阵
    #将 func()方法作为积分函数,调用 gl_quad2d()函数求二重积分
    def calc_Ke(self):
        self.calc_T()
        self.calc_B()
        Ke = gl_quad2d(self.func,3)
        _Ke = np.zeros((24,24))
        _Ke[8:20,8:20] = Ke
        self._Ke = _Ke
```

```
    #定义刚度矩阵函数
    def func(self,x):
        self.calc_D()
        Bf,Bc,J = _calc_B_and_J_for_plate3d11(self.nodes,x)
        DJ = np.linalg.det(J)
        return self.t ** 3/12. * np.dot(np.dot(Bf.T,self.Df),Bf) * DJ + 5/6. *
self.t * np.dot(np.dot(Bc.T,self.Dc),Bc) * DJ
```

```
#定义雅可比矩阵的行列式
def func_jac(self,x):
    Bf,Bc,J = _calc_B_and_J_for_plate3d11(self.nodes,x)
    return np.linalg.det(J)


#计算单元面积
@ property
def volume(self):
    return gl_quad2d(self.func_jac,2)
```

#计算并返回应力矩阵 B 函数和雅可比矩阵 J 函数

```
def _calc_B_and_J_for_plate3d11(nodes,x):
    s = x[0]
    t = x[1]


    #获取单元节点坐标
    x = [nd.x for nd in nodes]
    y = [nd.y for nd in nodes]

    #计算单元形函数
    N1,N2,N3,N4 = 1/4 * (1 - s) * (1 - t),\
                 1/4 * (1 + s) * (1 - t),\
                 1/4 * (1 + s) * (1 + t),\
                 1/4 * (1 - s) * (1 + t)

    #计算单元形函数对 η 和 ξ 的偏导数
    N1s,N1t = 1/4 * (t - 1),1/4 * (s - 1)
    N2s,N2t = 1/4 * (1 - t),1/4 * ( - s - 1)
    N3s,N3t = 1/4 * (1 + t),1/4 * (1 + s)
    N4s,N4t = 1/4 * ( - 1 - t),1/4 * (1 - s)


    Ns = [N1s,N2s,N3s,N4s]
    Nt = [N1t,N2t,N3t,N4t]

    #计算 x,y 分别对 η 和 ξ 的偏导数
    xs = sum(Ns[i] * x[i] for i in xrange(4))
    xt = sum(Nt[i] * x[i] for i in xrange(4))
    ys = sum(Ns[i] * y[i] for i in xrange(4))
    yt = sum(Nt[i] * y[i] for i in xrange(4))
```

```
#计算雅可比矩阵 J
J = np.array([[xs,ys],
              [xt,yt]])

#计算雅可比矩阵的逆矩阵
J_v = np.linalg.inv(J)

#计算单元形函数对 x,y 的偏导数
Nx = [J_v[0,0] * Ns[i] + J_v[0,1] * Nt[i] for i in xrange(4)]
Ny = [J_v[1,0] * Ns[i] + J_v[1,1] * Nt[i] for i in xrange(4)]

#计算矩阵 Bf 和 Bc
Bf = np.array([[0,Nx[0],0,0,Nx[1],0,0,Nx[2],0,0,Nx[3],0],
               [0,0,Ny[0],0,0,Ny[1],0,0,Ny[2],0,0,Ny[3]],
               [0,Ny[0],Nx[0],0,Ny[1],Nx[1],0,Ny[2],Nx[2],0,Ny[2],Nx[2]]])

Bc = np.array([[Nx[0],N1,0,Nx[1],N2,0,Nx[2],N3,0,Nx[3],N4,0],
               [Ny[0],0,N1,Ny[1],0,N2,Ny[2],0,N3,Ny[3],0,N4]])
return Bf,Bc,J

if __name__ == "__main__":

    #划分网格，2×2 方格
    mesh = Mesh()
    mesh.build(mesh_type = "rect",x_lim = [0,1],y_lim = [0,1],size = [2,2])

    #定义材料参数
    E = 210e6
    G = 84e6
    nu = 0.3
    t = 0.05

    #创建节点和单元
    nds = np.array([Node(p[0],p[1],0) for p in mesh.points])
    els = [Plate3D11(nds[c],E,G,nu,t) for c in mesh.elements]

    #创建系统并将节点和单元加入系统
    s = System()
    s.add_nodes(nds)
```

```
    s.add_elements(els)

#施加边界条件
#固定 x 坐标为 0 或 1,y 坐标为 0 或 1 的节点
fixed_nds =[nd.ID for nd in nds if nd.x ==0 or nd.x ==1 or nd.y ==0 or nd.y ==1]
s.add_fixed_sup(fixed_nds)
s.add_node_force(4,Fz = -20)

#求解
s.solve()
```

Mesh 类是笔者定义在 Feon.tools.py 模块中的一个网格划分类，第 5 章会介绍。mesh 对象的 points 属性对应网格节点坐标，而 elements 属性对应单元节点在 points 属性中的索引，按照 Feon 的编号规则，实则为节点编号。

计算完成后，获取节点和单元信息。

```
>>>mesh
---------------------------------
Mesh description  (type: rect)
X/Y/Z limits: [0,1]/[0,1]/None
Number of points  : 9
Number of elements : 4
---------------------------------
>>>mesh.points
array([[ 0.,   0.],
       [ 0.,   0.5],
       [ 0.,   1.],
       [ 0.5,  0.],
       [ 0.5,  0.5],
       [ 0.5,  1.],
       [ 1.,   0.],
       [ 1.,   0.5],
       [ 1.,   1.]])
>>>mesh.elements
array([[0,3,4,1],
       [1,4,5,2],
       [3,6,7,4],
       [4,7,8,5]])
```

```
>>>nds[4].disp
{'Uy': 0.0, 'Ux': 0.0, 'Uz': -4.2857142857142855e-06, 'Phz': 0.0, 'Phy': -
1.2638050082977395e-21,'Phx': -1.2638050082977393e-21}
>>>els[0].force
{'Tz': array([[  0.],
    [  5.],
    [-10.],
    [  0.]]),'Ty': array([[ 0.  ],
    [ 0.  ],
    [-1.25 ],
    [-0.625]]),'N': array([[ 0.  ],
    [ 0.  ],
    [-0.625],
    [-1.25 ]]),'My': array([[ 0.   ],
    [-0.625],
    [-1.25 ],
    [ 0.  ]]),'Mx': array([[ 0.  ],
    [-0.625],
    [-1.25 ],
    [ 0.  ]]),'Mz': array([[ 0.],
    [2.5],
    [2.5],
    [0.]])}
```

可以看出，四面体实体单元和 Mindlin 板单元的刚度矩阵的计算表达式为一个类型，但采用了两种不同的定义方式，前者将求雅可比矩阵逆矩阵的过程直接代入到应变矩阵，避免了求逆矩阵。

4.1.6 六面体实体单元

六面体实体单元每个节点有 3 个自由度（Ux、Uy 和 Uz），一次单元有 24 个自由度（Ux = None，Uy = None，Uz = None），则一次六面体实体单元的刚度矩阵为 24 × 24 阶。假设六面体的 8 个顶点坐标分别为 (x_1,y_1)，(x_2,y_2)，(x_3,y_3)，(x_4,y_4)，(x_5,y_5)，(x_6,y_6)，(x_7,y_7)，(x_8,y_8)，节点顺序为逆时针。单元材料弹性模量为 E，泊松比为 μ，则一次单元刚度矩阵表示为：

$$k_e = K_e = \int_{-1}^{1} \int_{-1}^{1} \int_{-1}^{1} B^T D B \,|J| \,\mathrm{d}\xi \mathrm{d}\eta \mathrm{d}\zeta \qquad (4.37)$$

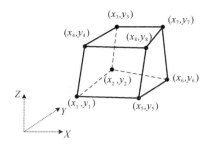

其中矩阵 B 也称为应变矩阵，表示为：

$$B = \begin{bmatrix} B_1 & B_2 & B_3 & B_4 & B_5 & B_6 & B_7 & B_8 \end{bmatrix} \tag{4.38}$$

B_i 表示为：

$$B_i = \begin{bmatrix} \dfrac{\partial N_i}{\partial x} & 0 & 0 \\[2mm] 0 & \dfrac{\partial N_i}{\partial y} & 0 \\[2mm] 0 & 0 & \dfrac{\partial N_i}{\partial z} \\[2mm] \dfrac{\partial N_i}{\partial y} & \dfrac{\partial N_i}{\partial x} & 0 \\[2mm] 0 & \dfrac{\partial N_i}{\partial z} & \dfrac{\partial N_i}{\partial y} \\[2mm] \dfrac{\partial N_i}{\partial z} & 0 & \dfrac{\partial N_i}{\partial x} \end{bmatrix} \tag{4.39}$$

式中 N_i 为单元形函数，表示为：

$$N_1 = \frac{1}{8}(1 - \xi)(1 - \eta)(1 + \zeta)$$

$$N_2 = \frac{1}{8}(1 - \xi)(1 - \eta)(1 - \zeta)$$

$$N_3 = \frac{1}{8}(1 - \xi)(1 + \eta)(1 - \zeta)$$

$$N_4 = \frac{1}{8}(1 - \xi)(1 + \eta)(1 + \zeta)$$

$$N_5 = \frac{1}{8}(1 + \xi)(1 - \eta)(1 + \zeta)$$

$$N_6 = \frac{1}{8}(1 + \xi)(1 - \eta)(1 - \zeta)$$

$$N_7 = \frac{1}{8}(1 + \xi)(1 + \eta)(1 - \zeta)$$

$$N_8 = \frac{1}{8}(1 + \xi)(1 + \eta)(1 + \zeta) \tag{4.40}$$

$$\begin{Bmatrix} \dfrac{\partial N_i}{\partial x} \\[2mm] \dfrac{\partial N_i}{\partial y} \\[2mm] \dfrac{\partial N_i}{\partial z} \end{Bmatrix} = J^{-1} \begin{Bmatrix} \dfrac{\partial N_i}{\partial \xi} \\[2mm] \dfrac{\partial N_i}{\partial \eta} \\[2mm] \dfrac{\partial N_i}{\partial \zeta} \end{Bmatrix} \tag{4.41}$$

雅可比矩阵 J 表示为：

$$J = \begin{bmatrix} \dfrac{\partial x}{\partial \xi} & \dfrac{\partial y}{\partial \xi} & \dfrac{\partial z}{\partial \xi} \\[2mm] \dfrac{\partial x}{\partial \eta} & \dfrac{\partial y}{\partial \eta} & \dfrac{\partial z}{\partial \eta} \\[2mm] \dfrac{\partial x}{\partial \zeta} & \dfrac{\partial y}{\partial \zeta} & \dfrac{\partial z}{\partial \zeta} \end{bmatrix} = \begin{bmatrix} \dfrac{\sum_1^8 x_i \partial N_i}{\partial \xi} & \dfrac{\sum_1^8 y_i \partial N_i}{\partial \xi} & \dfrac{\sum_1^8 z_i \partial N_i}{\partial \xi} \\[3mm] \dfrac{\sum_1^8 x_i \partial N_i}{\partial \eta} & \dfrac{\sum_1^8 y_i \partial N_i}{\partial \eta} & \dfrac{\sum_1^8 z_i \partial N_i}{\partial \eta} \\[3mm] \dfrac{\sum_1^8 x_i \partial N_i}{\partial \zeta} & \dfrac{\sum_1^8 y_i \partial N_i}{\partial \zeta} & \dfrac{\sum_1^8 z_i \partial N_i}{\partial \zeta} \end{bmatrix} \tag{4.42}$$

矩阵 D 也称为本构矩阵或弹性矩阵，其表达式为：

$$D = \frac{E}{(1 + \mu)(1 - 2\mu)} \begin{bmatrix} 1-\mu & \mu & \mu & 0 & 0 & 0 \\ \mu & 1-\mu & \mu & 0 & 0 & 0 \\ \mu & \mu & 1-\mu & 0 & 0 & 0 \\ 0 & 0 & 0 & \dfrac{1-\mu}{2} & 0 & 0 \\ 0 & 0 & 0 & 0 & \dfrac{1-\mu}{2} & 0 \\ 0 & 0 & 0 & 0 & 0 & \dfrac{1-\mu}{2} \end{bmatrix} \tag{4.43}$$

如果是独立六面体实体单元系统，则系统总体刚度矩阵为 $24n \times 24n$ 阶，n 为系统节点数量，用 K 表示，U 表示整体坐标系中系统的节点位移列阵，F 表示整体坐标系中系统的节点力列阵，均为 $24n \times 1$ 阶，有：

$$K \cdot U = F \tag{4.44}$$

求解处理过的方程组可得到整体坐标系中的节点位移，然后通过式（4.45）求解单元力：

$$f_e = K_e U_e \tag{4.45}$$

式中 f_e 表示局部坐标系中的单元力列阵，U_e 表示整体坐标系中的单元节点位移列阵。

确定了单元刚度矩阵的计算方法，则可以定义六面体实体单元。下面以一次六面体实体单元为例进行定义。将该单元命名为 Brick3D11，继承于 SoildElement 类。

例 4.6 利用六面体实体单元求解例 3.13。

首先将薄板离散为两个六面体实体单元，如图 4.5 所示。求解域离散见表 4.5。

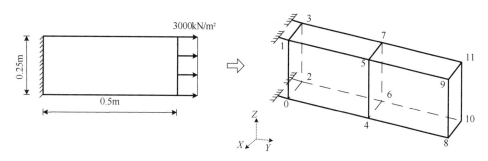

图 4.5 薄板离散示意图

表 4.5 例 4.6 单元组成

单元编号	节点 1	节点 2	节点 3	节点 4	节点 5	节点 6	节点 7	节点 8
0	0	2	3	1	4	6	7	5
1	4	6	7	5	8	10	11	9

将 Brick3D11 单元定义在文件 4-5-mixed_test.py 中，其内容如下。

```python
from __future__ import division
from feon.sa import *
from feon.mesh import Mesh
from feon.tools import gl_quad3d
import numpy as np


class Brick3D11(SoildElement):

    #定义单元__init__()方法,输入新参数 E,nu
    def __init__(self,nodes,E,nu):
        SoildElement.__init__(self,nodes)
        self.E = E
        self.nu = nu


    #设置单元力 keys,为正应力和剪应力
    def init_keys(self):
        self.set_eIk(("sx","sy","sz","sxy","syz","szx"))


    #设置单元节点自由度
    def init_unknowns(self):
```

```
        for nd in self.nodes:
            nd.init_unknowns("Ux","Uy","Uz")
        self._ndof = 3
```

```
    #计算本构矩阵 D
    def calc_D(self):
        self._D = _calc_D_for_brick3d11(self.E,self.nu)
```

```
    #计算应变矩阵 B
    #后处理时,获取单元中心处的应力
    def calc_B(self):
        self._B,self._J = _calc_B_and_J_for_brick3d11(self.nodes,(0,0,0))
```

```
    #计算整体坐标系中的单元刚度矩阵
    #将 func()方法作为积分函数求三重数值积分
    def calc_Ke(self):
        self.calc_B()
        self._Ke = gl_quad3d(self.func,3)
```

```
    #定义刚度矩阵函数,为 ξ、η、ζ 的函数
    def func(self,x):
        self.calc_D()
        B,J = _calc_B_and_J_for_brick3d11(self.nodes,x)
        return np.dot(np.dot(B.T,self._D),B) * J
```

```
#计算并返回本构矩阵 D
def _calc_D_for_brick3d11(E = 1.,nu = 0.3):
    a = E/((1 + nu) * (1 - 2 * nu))
    D = a * np.array([[1 - nu,nu,nu,0,0,0],
                      [nu,1 - nu,nu,0,0,0],
                      [nu,nu,1 - nu,0,0,0],
                      [0,0,0,(1 - nu)/2.,0,0],
                      [0,0,0,0,(1 - nu)/2.,0],
                      [0,0,0,0,0,(1 - nu)/2.]])
    return D
```

```
#计算并返回应变矩阵 B 和雅可比矩阵 J, 均为 ξ、η、ζ 的函数
def _calc_B_and_J_for_brick3d11(nodes,x):
    s = x[0]
    t = x[1]
```

```
u = x[2]
```

#获取单元节点坐标
```
x = [nd.x for nd in nodes]
y = [nd.y for nd in nodes]
z = [nd.z for nd in nodes]
```

#计算单元形函数对 ξ、η、ζ 的偏导数
```
N1s,N1t,N1u = (t-1)*(1+u)/8.,(s-1)*(1+u)/8.,(1-s)*(1-t)/8.
N2s,N2t,N2u = (t-1)*(1-u)/8.,(s-1)*(1-u)/8.,(s-1)*(1-t)/8.
N3s,N3t,N3u = (t+1)*(u-1)/8.,(1-s)*(1-u)/8.,(s-1)*(1+t)/8.
N4s,N4t,N4u = (1+t)*(-u-1)/8.,(1-s)*(1+u)/8.,(1-s)*(1+t)/8.
N5s,N5t,N5u = (1-t)*(1+u)/8.,(-s-1)*(1+u)/8.,(1+s)*(1-t)/8.
N6s,N6t,N6u = (1-t)*(1-u)/8.,(-1-s)*(1-u)/8.,(1+s)*(t-1)/8.
N7s,N7t,N7u = (1+t)*(1-u)/8.,(1+s)*(1-u)/8.,(-1-s)*(t+1)/8.
N8s,N8t,N8u = (1+t)*(1+u)/8.,(1+s)*(1+u)/8.,(1+s)*(t+1)/8.

Ns = [N1s,N2s,N3s,N4s,N5s,N6s,N7s,N8s]
Nt = [N1t,N2t,N3t,N4t,N5t,N6t,N7t,N8t]
Nu = [N1u,N2u,N3u,N4u,N5u,N6u,N7u,N8u]
```

#计算 x,y,z 对 ξ、η、ζ 的偏导数
```
xs = sum(Ns[i]*x[i] for i in xrange(8))
xt = sum(Nt[i]*x[i] for i in xrange(8))
xu = sum(Nu[i]*x[i] for i in xrange(8))

ys = sum(Ns[i]*y[i] for i in xrange(8))
yt = sum(Nt[i]*y[i] for i in xrange(8))
yu = sum(Nu[i]*y[i] for i in xrange(8))

zs = sum(Ns[i]*z[i] for i in xrange(8))
zt = sum(Nt[i]*z[i] for i in xrange(8))
zu = sum(Nu[i]*z[i] for i in xrange(8))
```

#计算雅可比矩阵 J
```
MJ = np.array([[xs,ys,zs],
               [xt,yt,zt],
               [xu,yu,zu]])
```

#计算雅可比矩阵的行列式和逆矩阵

```
    J = np.linalg.det(MJ)
    J_v = np.linalg.inv(MJ)

    #计算单元形函数对 x,y,z 的偏导数
    Nx = [J_v[0,0] * Ns[i] + J_v[0,1] * Nt[i] + J_v[0,2] * Nu[i] for i in xrange(8)]
    Ny = [J_v[1,0] * Ns[i] + J_v[1,1] * Nt[i] + J_v[1,2] * Nu[i] for i in xrange(8)]
    Nz = [J_v[2,0] * Ns[i] + J_v[2,1] * Nt[i] + J_v[2,2] * Nu[i] for i in xrange(8)]

    #计算应变矩阵 B
    B = np.array(
[[Nx[0],0,0,Nx[1],0,0,Nx[2],0,0,Nx[3],0,0,Nx[4],0,0,Nx[5],0,0,Nx[6],0,0,Nx[7],
0,0],

[0,Ny[0],0,0,Ny[1],0,0,Ny[2],0,0,Ny[3],0,0,Ny[4],0,0,Ny[5],0,0,Ny[6],0,0,Ny
[7],0],

[0,0,Nz[0],0,0,Nz[1],0,0,Nz[2],0,0,Nz[3],0,0,Nz[4],0,0,Nz[5],0,0,Nz[6],0,0,Nz
[7]],

[Ny[0],Nx[0],0,Ny[1],Nx[1],0,Ny[2],Nx[2],0,Ny[3],Nx[3],0,Ny[4],Nx[4],0,Ny[5],
Nx[5],0,Ny[6],Nx[6],0,Ny[7],Nx[7],0],

[0,Nz[0],Ny[0],0,Nz[1],Ny[1],0,Nz[2],Ny[2],0,Nz[3],Ny[3],0,Nz[4],Ny[4],0,Nz
[5],Ny[5],0,Nz[6],Ny[6],0,Nz[7],Ny[7]],

[Nz[0],0,Nx[0],Nz[1],0,Nx[1],Nz[2],0,Nx[2],Nz[3],0,Nx[3],Nz[4],0,Nx[4],Nz[5],
0,Nx[5],Nz[6],0,Nx[6],Nz[7],0,Nx[7]]])
    return B,J


if __name__ == "__main__":

    #划分网格
    mesh = Mesh()
    mesh.build(mesh_type = "cube",
               x_lim = [0,0.5],
               y_lim = [0,0.025],
               z_lim = [0,0.25],
               size = [2,1,1])

    E = 210e6
```

```
nu = 0.3

#创建节点和单元
nds = np.array([Node(p) for p in mesh.points])
els = [Brick3D11(nds[c],E,nu) for c in mesh.elements]

#创建系统
s = System()
s.add_nodes(nds)
s.add_elements(els)
fixed_nds = [nd.ID for nd in nds if nd.x == 0.]
add_force_nds = [nd.ID for nd in nds if nd.x == 0.5]
s.add_fixed_sup(fixed_nds)
for nid in add_force_nds:
    s.add_node_force(nid,Fx = 4.6875)

s.solve()
```

计算完成后，交互输入。

```
>>> mesh
------------------------------------
Mesh description  (type: cube)
X/Y/Z limits: [0, 0.5]/[0, 0.025]/[0, 0.25]
Number of points   :  12
Number of elements :  2

------------------------------------
>>> mesh.points
array([[ 0.   , 0.   , 0.   ],
       [ 0.   , 0.   , 0.25 ],
       [ 0.   , 0.025, 0.   ],
       [ 0.   , 0.025, 0.25 ],
       [ 0.25 , 0.   , 0.   ],
       [ 0.25 , 0.   , 0.25 ],
       [ 0.25 , 0.025, 0.   ],
       [ 0.25 , 0.025, 0.25 ],
       [ 0.5  , 0.   , 0.   ],
       [ 0.5  , 0.   , 0.25 ],
       [ 0.5  , 0.025, 0.   ],
```

```
       [ 0.5  , 0.025, 0.25 ]])
>>> mesh.elements
array([[ 0,  2,  3,  1,  4,  6,  7,  5],
       [ 4,  6,  7,  5,  8, 10, 11,  9]])
>>> nds
array([Node:(0.0, 0.0, 0.0), Node:(0.0, 0.0, 0.25),
       Node:(0.0, 0.025000000000000001, 0.0),
       Node:(0.0, 0.025000000000000001, 0.25), Node:(0.25, 0.0, 0.0),
       Node:(0.25, 0.0, 0.25), Node:(0.25, 0.025000000000000001, 0.0),
       Node:(0.25, 0.025000000000000001, 0.25), Node:(0.5, 0.0, 0.0),
       Node:(0.5, 0.0, 0.25), Node:(0.5, 0.025000000000000001, 0.0),
       Node:(0.5, 0.025000000000000001, 0.25)], dtype = object)
>>> els
[ Brick3D11  Element:  array ([ Node: ( 0.0,  0.0,  0.0 ), Node: ( 0.0,
0.025000000000000001, 0.0),
       Node:(0.0, 0.025000000000000001, 0.25), Node:(0.0, 0.0, 0.25),
       Node:(0.25, 0.0, 0.0), Node:(0.25, 0.025000000000000001, 0.0),
       Node:(0.25, 0.025000000000000001, 0.25), Node:(0.25, 0.0, 0.25)], dtype =
object), Brick3D11 Element: array ([ Node: ( 0.25, 0.0,  0.0 ), Node: ( 0.25,
0.025000000000000001, 0.0),Node:(0.25, 0.025000000000000001, 0.25), Node:(0.25,
0.0, 0.25),
       Node:(0.5, 0.0, 0.0), Node:(0.5, 0.025000000000000001, 0.0),
       Node:(0.5, 0.025000000000000001, 0.25), Node:(0.5, 0.0, 0.25)], dtype =
object)]
```

获取节点位移和单元应力。

```
>>> [nd.disp["Ux"] for nd in nds[add_force_nds]]
[6.8116735125833287e - 06, 6.8116735125834752e - 06, 6.8116735125832762e - 06,
6.8116735125835049e - 06]
>>> els[0].stress
{'sz': array([[ 560.99305109]]), 'sy': array([[ 507.93000033]]), 'sx': array([[ 3000.]]),
'szx': array([[ - 2.23110419e - 12]]), 'sxy': array([[  1.32516220e - 12]]), 'syz': array
([[  6.82121026e - 13]])}
>>> els[1].stress
{'sz': array([[ - 61.24472395]]), 'sy': array([[ - 80.36416269]]), 'sx': array([[ 3000.]]),
'szx': array([[  2.84217094e - 13]]), 'sxy': array([[  2.72848411e - 12]]), 'syz': ar-
ray([[ - 4.54747351e - 13]])}
```

4.2　自定义求解函数

Feon 中结构有限元分析的求解函数定义在 Feon.sa.solver.py 模块。读者可以将求解函数加入到该模块中，也可以在求解问题时直接进行定义。在结构动力学计算时，需要获取结构的固有频率和振型，下面以此为例介绍如何自定义求解函数。

例 4.7　计算例 3.12 中刚架系统的固有频率和振型。

首先定义求解函数，使用 Scipy 库计算矩阵特征值和特征向量。将该求解函数命名为 solve_dynamic_eigen_mode( )。

```
#该函数传入一个参数,为 system 对象
def solve_dynamic_eigen_model(system):

    #导入 scipy.linalg 包
    from scipy import linalg as sl

    #如果系统没计算过总体刚度矩阵,则计算总体刚度矩阵
    if not self._is_inited:
        self.calc_KG()
    system.calc_deleted_KG_matrix()

    #计算总体质量矩阵
    system.calc_MG()

    #处理总体质量矩阵
    system.calc_deleted_MG_matrix()

    #采用 Scipy.linalg.eigh()函数求解矩阵特征值和特征向量,|K - w²M|
    #并将特征向量赋值给系统的 model 属性
    w1,system.model = sl.eigh(system.KG_keeped,system.MG_keeped)

    #将计算得到的特征值开根号
    #并将计算值赋给系统的 w 属性
    system.w = np.sqrt(w1)

    #求固有频率并赋值给系统的 freq 属性
    T = 2 * np.pi / system.w
    system.freq = 1 / T
```

🔊 需要注意的是，此函数调用了 system 对象的 calc_MG( )方法和 calc_deleted_MG_matrix( )方法，其定义过程与 calc_KG( )方法及 calc_deleted_MG_matrix( )方法完全一样，仅仅组装的是单元质量矩阵，而单元质量矩阵和刚度矩阵同阶。如 Beam3D11 单元局部坐标系中的质量矩阵为：

$$
m_e = \frac{\rho A L}{210}
\begin{bmatrix}
70 & 0 & 0 & 0 & 0 & 0 & 35 & 0 & 0 & 0 & 0 & 0 \\
0 & 78 & 0 & 0 & 0 & 11L & 0 & 27 & 0 & 0 & 0 & -6.5L \\
0 & 0 & 78 & 0 & -11L & 0 & 0 & 0 & 27 & 0 & 6.5L & 0 \\
0 & 0 & 0 & 70r & 0 & 0 & 0 & 0 & 0 & -35r & 0 & 0 \\
0 & 0 & -11L & 0 & 2L^2 & 0 & 0 & 0 & -6.5L & 0 & -1.5L^2 & 0 \\
0 & 11L & 0 & 0 & 0 & 2L^2 & 0 & 6.5L & 0 & 0 & 0 & -1.5L^2 \\
35 & 0 & 0 & 0 & 0 & 0 & 70 & 0 & 0 & 0 & 0 & 0 \\
0 & 27 & 0 & 0 & 0 & -6.5L & 0 & 78 & 0 & 0 & 0 & -11L \\
0 & 0 & 27 & 0 & -6.5L & 0 & 78 & 0 & 0 & 0 & 11L & 0 \\
0 & 0 & 0 & -35r & 0 & 0 & 0 & 0 & 0 & 70r & 0 & 0 \\
0 & 0 & 6.5L & 0 & -1.5L^2 & 0 & 0 & 0 & 11L & 0 & 2L^2 & 0 \\
0 & 6.5L & 0 & 0 & 0 & -1.5L^2 & 0 & -11L & 0 & 0 & 0 & 2L^2
\end{bmatrix}
$$

$$(4.46)$$

其中：ρ 为梁的密度，$r = J/A$。按照定义单元刚度矩阵的过程，定义单元质量矩阵即可求解运算。

运行文件 4-6-mixed_test.py，其内容如下。

```python
from feon.sa import *
from feon.tools import pair_wise
if __name__ == "__main__":
    E = 210e6
    G = 84e6
    A = 0.02
    I = [5e-5,10e-5,20e-5]
    dens = 2

    n0 = Node(0,0,0)
    n1 = Node(0,4,0)
    n2 = Node(4,4,0)
    n3 = Node(0,4,0)
    n4 = Node(0,0,5)
```

```
n5 = Node(0,4,5)
n6 = Node(4,4,5)
n7 = Node(0,4,5)


n8 = Node(1,0,5)
n9 = Node(3,0,5)
nds1 = [n0,n3,n2,n1]
nds2 = [n4,n7,n6,n5]
nds3 = [n4,n8,n9,n7,n6,n5]
els = []
for nd in pair_wise(nds3,True):
    els.append(Beam3D11(nd,E,G,A,I,dens))
for i in xrange(4):
    els.append(Beam3D11((nds1[i],nds2[i]),E,G,A,I,dens))
s = System()
s.add_nodes(nds1,nds3)
s.add_elements(els)
s.add_fixed_sup([nd.ID for nd in nds1])

#求解函数的参数改为自定义函数名
s.solve(model = "dynamic_eigen_model")
```

📢 需要注意的是，在自定义函数时，如果读者调用的是 Feon 中的 system.solve( ) 方法，必须将函数名定义为 solve_ + name 的形式，而在调用 system.solve( ) 方法时，传入的参数是"name"。当然，如果读者熟悉 Python，不遵守笔者这样的做法，也是完全可以的。

运行完成后，查看计算结果，访问系统 system 对象的 freq 和 model 属性。

```
>>> s.freq
array([    9.01182403,    12.31558752,    15.58685422,    22.01083305,
          27.81449338,    41.18912417,    81.77568817,    94.00322212,
         111.35945727,   119.68278078,   132.73872945,   136.40543226,
         137.31537803,   175.83695461,   193.51018606,   199.23003402,
         206.262688  ,   271.00355342,   293.9789175 ,   340.22002478,
         370.13783582,   385.12207091,   401.50618755,   424.95704796,
         489.02594395,   525.44384327,   624.7845038 ,   793.34446974,
         816.0850428 ,   876.29354121,   939.03909059,  1263.6641157 ,
        1311.86198501,  1786.18052754,  2038.61932085,  2972.14545015])
```

```
>>> s.model
array([[  1.43924303e+00,  -6.33644855e-02,   4.51007325e-01,...,
        -4.56206823e-01,  -3.31662340e-01,  -3.02567948e+00],
       [ -7.98472238e-02,  -5.37654127e-01,  -8.39887630e-01,...,
         1.60162898e-01,  -1.05173067e+00,  -1.07109431e-01],
       [ -3.00921236e-04,  -2.25481817e-03,  -3.55655176e-03,...,
         6.25699000e-01,  -2.51120678e-01,  -4.53911484e-02],
       ...,
       [  7.93534799e-03,   8.71304467e-02,   1.22259868e-01,...,
         1.16144892e-01,  -2.33344500e-01,  -1.35039481e-01],
       [  5.76220600e-02,   7.41949705e-02,  -8.95705532e-02,...,
        -4.49387219e-02,  -5.40655814e-02,  -4.12729208e-02],
       [  2.34351262e-01,  -1.66137803e-01,   2.97540242e-01,...,
        -8.42808161e-03,  -1.36924698e+00,  -1.06110039e+00]])
```

Feon 目前仅支持弹性计算，如果读者熟悉有限元理论和 Python，在 Feon 的基础上定义自己的非线性求解方案也是可以实现的。

4.3　自定义包——渗流分析

除了结构有限元分析外，参照 Feon.sa 的实现过程，通过修改"类"的部分属性，包括 nAk 和 nBk，可以定义应用于其他领域的包。笔者在 Feon 中定义了渗流分析包 Feon.ffa（fluild flow analysis），其包含 4 个模块 node.py、element.py、system.py、和 solver.py，分别定义了渗流有限元分析中的节点类、单元类、系统类、以及求解函数。按照模块介绍如下。

4.3.1　节点

Feon.ffa.node.py 模块　参照 Feon.sa.node.Node 类的定义，Feon.ffa.node.Node 类继承于 Feon.base.NodeBase 类，与 Feon.sa.node.Node 类相比，主要是 nAk 和 nBk 不同，以及 force 和 disp 属性变为 head（水头）和 flowrate（流量）属性。

```
#继承于 NodeBase 类
class Node(NodeBase):
    def __init__(self, * coord):
        NodeBase.__init__(self, * coord)
        self._dof = len(self.nAk)

#节点流量属性,相当于结构分析中的节点力
```

```
        self._flowrate = dict.fromkeys(self.nBk,0.)

        #节点水头属性,相当于结构分析中的节点位移
        #由于渗流分析节点只有一个自由度,所以将节点水头默认为未知
        self._head = dict.fromkeys(self.nAk,None)

    #定义节点水头
    @ property
    def head(self):
        return self._head

    #定义节点流量
    @ property
    def flowrate(self):
        return self._flowrate

    #设置节点 keys
    def init_keys(self):
        self.set_nAk(("H"))
        self.set_nBk(("FR"))

    #设置节点流量,相当于结构分析中设置节点力
    def set_flowrate(self,val):
        self._flowrate["FR"] = val

    #节点流量清零
    def clear_flowrate(self):
        for key in self.nBk:
            self._flowrate[key] = 0.

    #获取节点流量
    def get_flowrate(self):
        return self._flowrate

    #设置节点水头,相当于结构分析中设置节点位移
    def set_head(self,val):
        self._head["H"] = val

    #节点水头清零
    def clear_head(self):
```

```
    for key in self.nAk:
        self._head[key] = 0.


#获取节点水头
def get_head(self):
    return self._head
```

4.3.2 单元

Feon.ffa.element.py 模块 参照 Feon.sa.element.StructElement 类和 Feon.sa.element.Soild-Element 类的定义，Feon.ffa.element.Element 类继承于 Feon.base.ElementBase 类，与 Feon.sa.element.StructElement 类和 Feon.sa.element.SoildElement 类相比，主要是 eIk 属性不同，force 和 stress 属性替换成了 velocity（流速）属性。

```
#继承于 ElementBase 类
class Element(ElementBase):
    def __init__(self,nodes):
        ElementBase.__init__(self,nodes)
        self.init_nodes(nodes)
        self._velocity = dict.fromkeys(self.eIk,0.)


    #计算单元体积,默认为一维单元长度
    def init_nodes(self,nodes):
        v = np.array(nodes[0].coord) - np.array(nodes[1].coord)
        le = np.linalg.norm(v)
        self._volume = le


    #设置单元信息 keys
    def init_keys(self):

        #如果是二维问题,默认为 Vx 和 Vy
        if self.dim == 2:
            self.set_eIk(("Vx","Vy"))

        #如果是三维问题,默认为 Vx、Vy 和 Vz
        if self.dim == 3:
            self.set_eIk(("Vx","Vy","Vz"))

    #定义坐标转换矩阵 T
```

```
@ property
def T(self):
    return self._T


#定义局部坐标系中的单元渗透矩阵
@ property
def ke(self):
    return self._ke


#定义单元流速
@ property
def velocity(self):
    return self._velocity


def calc_ke(self):
    pass


def calc_T(self):
    pass


#计算整体坐标系中的单元渗透矩阵
def calc_Ke(self):
    self.calc_T()
    self.calc_ke()
    self._Ke = np.dot(np.dot(self.T.T,self.ke),self.T)


#通过节点水头计算单元流速
def evaluate(self):
    pass


def distribute_velocity(self):
    n = len(self.eIk)
    for i,val in enumerate(self.eIk):
        self._velocity[val] += self._undealed_velocity[i::n]
```

4.3.3　系统

Feon.ffa.system.py 模块　参照 Feon.sa.system.System 类的定义，Feon.ffa.system.System 类同样继承于 Feon.base.SystemBase 类，二者不同之处读者可对照阅读。

```python
#继承于 SystemBase 类
class System(SystemBase):
    def __init__(self):
        SystemBase.__init__(self)
        self._FlowRate = {}
        self._Head = {}
        self._is_inited = False
        self._is_flowrate_added = False
        self._is_head_added = True
        self._is_system_solved = False

    def __repr__(self):
        return "% dD System: \nNodes: % d\nElements: % d" \
                % (self.dim,self.non,self.noe,)

    #定义系统节点流量,字典存储
    @ property
    def FlowRate(self):
        return self._FlowRate

    #定义系统节点水头,字典存储
    @ property
    def Head(self):
        return self._Head

    #定义系统节点水头列阵,列表存储
    @ property
    def HeadValue(self):
        return self._HeadValue

    #定义系统节点流量列阵,列表存储
    @ property
    def FlowRateValue(self):
        return self._FlowRateValue

    #定义总体渗透矩阵
    @ property
    def KG(self):
        return self._KG
```

```
#定义处理后的总体渗透矩阵
@ property
def KG_keeped(self):
    return self._KG_keeped


#保留的系统节点流量列阵
@ property
def FlowRate_keeped(self):
    return self._FlowRate_keeped


#计算得到的系统节点水头列阵
@ property
def Head_keeped(self):
    return self._Head_keeped


#已知节点水头在系统节点水头列阵 HeadValue 中的索引
@ property
def deleted(self):
    return self._deleted


#未知节点水头在系统节点水头列阵 HeadValue 中的索引
@ property
def keeped(self):
    return self._keeped


#水头不为 0 的节点在系统节点水头列阵 HeadValue 中的索引及水头数值
@ property
def nonzeros(self):
    return self._nonzeros


#计算系统最大节点自由度、nAk、nBk 和维度
def init(self):
    self._mndof = 1
    self._nAk = [ "H" ]
    self._nBk = self.nodes.values()[0].nBk[:self.mndof]
    self._dim = self.nodes.values()[0].dim


#计算总体渗透矩阵
def calc_KG(self):
```

```
        self.init()
        n = self.non
        m = self.mndof
        shape = n * m
        self._KG = np.zeros((shape,shape))
        for el in self.get_elements():
            ID = [nd.ID for nd in el.nodes]
            el.calc_Ke()
            M = 1
            for N1,I in enumerate(ID):
                for N2,J in enumerate(ID):
                    self._KG[m * I:m * I + M,m * J:m * J + M] += el.Ke[M * N1:M * (N1 + 1),
M * N2:M * (N2 + 1)]


        self._is_inited = True


    #施加系统节点流量
    def add_node_flowrate(self,nid, ** flowrate):
        if not self._is_inited:
            self.calc_KG()
        assert nid + 1 <= self.non,"Element does not exist"
        for key in flowrate.keys():
            assert key in self.nBk,"Check if the node flow rate applied are cor-
rect"
        self.nodes[nid].set_flowrate( ** flowrate)
        self._is_flowrate_added = True


    #施加系统节点水头
    def add_node_head(self,nid,head):
        if not self._is_inited:
            self.calc_KG()
        assert nid + 1 <= self.non,"Node does not exist"
        self.nodes[nid].set_head(head)
        if head:
            self._is_head_added = True

    #处理总体渗透矩阵
    def calc_deleted_KG_matrix(self):
        self._FlowRate = [nd.flowrate for nd in self.get_nodes()]
        self._Head = [nd.head for nd in self.get_nodes()]
```

```
        self._FlowRateValue = [val[key] for val in self.FlowRate for key in
self.nBk]
        self._HeadValue = [val[key] for val in self.Head for key in self.nAk]
        self._deleted = [row for row,val in enumerate(self.HeadValue) if val is
not None]
        self._keeped = [row for row,val in enumerate(self.HeadValue) if val is
None]
    if self._is_head_added:
        self.check_boundary_condition(self.KG)

        self._FlowRate_keeped = np.delete(self._FlowRateValue,self._deleted,0)
        self._KG_keeped = np.delete(np.delete(self._KG,self._deleted,0),self._
deleted,1)


    #检查边界条件
    def check_boundary_condition(self,KG):
        self._nonzeros = [(row,val) for row,val in enumerate(self.HeadValue) if
val]
        if len(self.nonzeros):
            for i,val in self.nonzeros:
                for j in self.keeped:
                    self._FlowRateValue[j] -= KG[i,j] * val


    #检查处理过的渗透矩阵是否存在全为 0 的行或列
    def check_deleted_KG_matrix(self):
        count = 0
        shape = self.KG_keeped.shape
        for i in xrange(shape[0]):
            if np.all(self.KG_keeped[i,:] == 0.):
                count += 1
        assert count == 0,"Check your bound conditions or system make sure it can
be solved"


    #求解系统
    def solve(self,model = "simple"):
        eval("solve" + "_" + model)(self)
```

Feon.ffa.system.System.solve(model)方法调用了 Feon.ffa.solver.py 模块中的 solve_simple 函数。定义如下。

```
def solve_simple(system):
    assert system._is_flowrate_added is True or system._is_head_added is True,"
No flowrate or head added on the system"
    system.calc_deleted_KG_matrix()
    system.check_deleted_KG_matrix()
    KG,FlowRate = system.KG_keeped,system.FlowRate_keeped
    system._Head_keeped = np.linalg.solve(KG,FlowRate)

    for i,val in enumerate(system.keeped):
        I = val% system.mndof
        J = int(val/system.mndof)
        system.nodes[J].head[system.nAk[I]] = system.Head_keeped[i]

    for el in system.get_elements():
        el.evaluate()

    system._is_system_solved = True
```

可以看出，该函数与 Feon.sa.slover.solve_static_elastic（model）函数基本一致，读者可对照阅读。

例 4. 8 如图 4. 6（a）所示为某圆筒渗流试验，已知砂土渗透系数为 $k = 2\text{E} - 5\text{m/s}$，试求截面流速。

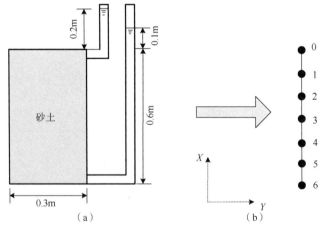

图 4. 6 渗流试验

本例为一维渗流问题，首先需定义一维渗流单元。渗流单元每个节点只有一个自由度（$H = \text{None}$），H 代表水头，所以一次一维单元的渗透矩阵为 2×2 阶，其局部坐标系中的渗透矩阵与整体坐标系中的渗透矩阵一致。假设单元渗透系数为 K_{xx}，截面面积为 A，长度为 L，则局部坐标系和整体坐标系中的渗透矩阵表示为：

$$k_e = K_e = \begin{bmatrix} \dfrac{K_{xx}A}{L} & -\dfrac{K_{xx}A}{L} \\[3mm] -\dfrac{K_{xx}A}{L} & \dfrac{K_{xx}A}{L} \end{bmatrix} \qquad (4.47)$$

如果是独立一维渗流单元系统，则系统总体渗透矩阵为 $2n \times 2n$ 阶，n 为系统节点数量，用 K 表示，H 表示整体坐标系中系统的节点水头列阵，F 表示整体坐标系中系统的节点流量列阵，均为 $2n \times 1$ 阶，有：

$$K \cdot H = F \qquad (4.48)$$

求解处理过的方程组可得到整体坐标系中的节点水头，然后通过式（4.49）求解单元流速：

$$v_e = -K_{xx}\begin{bmatrix} -\dfrac{1}{L} & \dfrac{1}{L} \end{bmatrix}H_e \qquad (4.49)$$

式中 v_e 表示局部坐标系中单元流速列阵，H_e 表示整体坐标系中单元节点水头列阵。

笔者在 Feon.ffa.element.py 模块中定义了一维渗流单元 E1D。

```
#继承于 Element 类
class E1D(Element):

    #重写__init__()方法,输入新参数 Kxx,A
    def __init__(self,nodes,Kxx,A):
        Element.__init__(self,nodes)
        self.Kxx = Kxx
        self.A = A

    #设置单元信息 keys
    def init_keys(self):
        self.set_eIk(["Vx"])

    #计算坐标转换矩阵
    def calc_T(self):
        self._T =np.array([[1,0],
                           [0,1]])
```

```
#计算总体坐标系中的单元渗透矩阵
def calc_Ke(self):
    self.calc_T()
    self._Ke = _calc_ke_for_1d_e(self.Kxx,self.A,self.volume)


#通过单元节点水头计算单元流速
def evaluate(self):
    h = np.array([[nd.head[key] for nd in self.nodes for key in nd.nAk[:
self.ndof]]])
    a = np.array([[ -1./self.volume,1./self.volume]])
    self._undealed_velocity = - self.Kxx * np.dot(a,h.T)
    self.distribute_velocity()


#计算并返回一维单元局部坐标系中的单元渗透矩阵
def _calc_ke_for_1d_e(Kxx,A,L):
    return np.array([[Kxx * A/L, -Kxx * A/L],
                     [ -Kxx * A/L,Kxx * A/L]])
```

将例4.8中的圆筒离散成图4.6（b）所示的7个节点和6个单元，具体见表4.6。

表4.6　例4.8单元组成

单元编号	节点 i	节点 j
0	0	1
1	1	2
2	2	3
3	3	4
4	4	5
5	5	6

运行文件4-7-flow_test.py，其内容如下。

```
from feon.ffa import *
from feon.tools import pair_wise
from math import pi
if __name__ == "__main__":
    Kxx = -2e-5
    A = 0.15 **2 * pi
```

```
nds =［Node(‐i＊0.1,0) for i in xrange(7)］
els =［E1D(nd,Kxx,A) for nd in pair_wise(nds)］


s = System( )
s.add_nodes(nds)
s.add_elements(els)
s.add_node_head(0,0.2)
s.add_node_head(6,0.1)


s.solve( )
```

计算完成后，获取节点水头和单元流速。

```
>>>［el.velocity［"Vx"］for el in s.get_elements()］
[array([[ ‐3.33333333e‐06]]), array([[ ‐3.33333333e‐06]]),
array([[ ‐3.33333333e‐06]]), array([[ ‐3.33333333e‐06]]),
array([[ ‐3.33333333e‐06]]), array([[ ‐3.33333333e‐06]])]
>>>［nd.head［"H"］for nd in s.get_nodes()］
[ 0.2,   0.18333333333333338,   0.16666666666666674,   0.15000000000000005,
0.13333333333333339, 0.11666666666666671, 0.1]
```

第 5 章

编程建议

5.1 推导单元矩阵

Feon 中提供了单元矩阵推导包 Feon. derivation，目前支持一维拉格朗日单元、三角形拉格朗日单元的单元矩阵推导。

需要注意的是，推导单元矩阵需要读者安装第三方库 Mpmath。

单元矩阵推导过程分为 5 个步骤：
第一步：创建单元；
第二步：通过节点信息计算单元形函数；
第三步：定义微分算子矩阵；
第四步：定义本构矩阵；
第五步：计算单元矩阵。

以推导结构有限元分析中杆单元和三角形实体单元的刚度矩阵为例进行介绍。

5.1.1 杆单元

导入模块。

```
>>> from feon.derivation import *
>>> from feon.sa import *
```

第一步：创建单元，Line 表示一维单元。

```
>>> e = Line()
```

第二步：通过节点信息计算单元形函数。
创建杆单元的节点，首先推导一次杆单元。

```
>>> nds = [Node(0,0),Node(1,0)]
```

计算单元的形函数。

```
>>> e.calc_nbase(nds)
```

第三步：定义微分算子矩阵。

杆单元刚度矩阵的计算公式为：

$$k_e = \int_{V_e} B^T DB \mathrm{d}V = \int_0^l B^T DB \mathrm{d}l \tag{5.1}$$

其中 B 矩阵为应变矩阵，D 为本构矩阵

$$B = \begin{bmatrix} B_1 & B_2 \end{bmatrix} \tag{5.2}$$

$$B_i = LN_i \tag{5.3}$$

上式中 N_i 表示单元的第 i 个形函数，L 称为微分算子矩阵，则可表示为：

$$L = \begin{bmatrix} \dfrac{\partial(\,)}{\partial x} \end{bmatrix} \tag{5.4}$$

所以在 Feon 中定义微分算子矩阵为：

```
>>> e.set_L(shape = (1,1),mapping = {(0,0):1})
```

其中 shape 表示微分算子矩阵的形状，（1，1）表示为一阶方阵；mapping 代表微分函数的索引和微分的阶次。比如杆单元的微分函数在矩阵中的索引为（0，0），且是一阶偏导数，则其数值为 1。

第四步：定义本构矩阵，杆单元为 $D = EA$。

```
>>> E = 210e6
>>> A = 0.005
>>> e.set_D(D = E * A)
```

第五步：计算单元刚度矩阵。

```
>>> e.calc_ke()
```

查看单元刚度矩阵。

```
>>> e.ke
array([[ 1050000., -1050000.],
      [ -1050000.,  1050000.]])
```

用 Link1D11 单元验证推导结果的准确性。

```
>>> e1 = Link1D11(nds,E,A)
>>> e1.calc_Ke()
>>> e1.Ke
array([[ 1050000., -1050000.],
      [ -1050000.,  1050000.]])
```

计算结果一致。对于二、三维杆单元，只需进行坐标转换。

如果是二次杆单元，在计算单元形函数时，输入中间节点即可。需要注意的是，节点输入顺序为先端点，后中间。

```
>>> nds1 = [Node(0,0),Node(1,0),Node(0.5,0)]
>>> e2 = Line()
>>> e2.calc_nbase(nds1)
>>> e2.set_D(D = E * A)
>>> e2.set_L(shape = (1,1),mapping = {(0,0):1})
>>> e2.calc_ke()
>>> e2.ke
array([[ 2450000.,   350000., -2800000.],
       [  350000.,  2450000., -2800000.],
       [ -2800000., -2800000.,  5600000.]])
```

5.1.2 三角形单元

接着上例，创建单元节点。

```
>>> nds2 = [Node(0,0),Node(1,0),Node(1,1)]
```

创建三角形单元。

```
>>> e3 = Triangle()
```

计算单元形函数。

```
>>> e3.calc_nbase(nds2)
```

定义微分算子矩阵。对于结构分析中三角形实体单元的微分算子矩阵表示为：

$$
L = \begin{bmatrix} \dfrac{\partial(\ )}{\partial x} & 0 \\[2mm] 0 & \dfrac{\partial(\ )}{\partial y} \\[2mm] \dfrac{\partial(\ )}{\partial y} & \dfrac{\partial(\ )}{\partial x} \end{bmatrix}
\tag{5.5}
$$

则形状 shape = (3,2)，微分函数索引和偏导阶数的对应关系为： (0,0):(1,0)、(1,1):(0,1)、(2,0):(0,1)、(2,1):(1,0)。需要注意的是，(1,0) 和 (0,1) 分别表示对 x 和 y 求一阶偏导数，(2,0) 和 (0,2) 分别表示对 x 和 y 求二阶偏导数，(0,0) 表示原函数。

```
>>> e3.set_L(shape = (3,2),mapping = {(0,0):(1,0),
                                      (1,1):(0,1),
                                      (2,0):(0,1),
                                      (2,1):(1,0)})
```

定义本构矩阵。对于平面应力问题，本构矩阵表示为：

$$D = \frac{E}{(1-\mu^2)}\begin{bmatrix} 1 & \mu & 0 \\ \mu & 1 & 0 \\ 0 & 0 & \dfrac{1-\mu}{2} \end{bmatrix} \tag{5.6}$$

```
>>> E = 210e6
>>> nu = 0.3
>>> t = 0.5  #单元厚度
>>> a = t * E/(1 - nu ** 2)
>>> D = a * np.array([[1,nu,0],[nu,1,0],[0,0,(1 - nu)/2.]])
>>> e3.set_D(D = D)
```

计算单元刚度矩阵。

```
>>> e3.calc_ke()
>>> e3.ke
array([[ 57692307.69230769,         0.        , -57692307.69230769,
         17307692.3076923 ,         0.        , -17307692.3076923 ],
       [        0.        ,  20192307.69230769,  20192307.69230769,
        -20192307.69230769, -20192307.69230769,         0.        ],
       [-57692307.69230769,  20192307.69230769,  77884615.38461538,
        -37499999.99999999, -20192307.69230769,  17307692.3076923 ],
       [ 17307692.3076923 , -20192307.69230769, -37499999.99999999,
         77884615.38461538,  20192307.69230769, -57692307.69230769],
       [        0.        , -20192307.69230769, -20192307.69230769,
         20192307.69230769,  20192307.69230769,         0.        ],
       [-17307692.3076923 ,         0.        ,  17307692.3076923 ,
        -57692307.69230769,         0.        ,  57692307.69230769]])
```

用 Tri2D11S 单元验证单元矩阵推导的准确性。

```
>>> e4 = Tri2D11S(nds2,E,nu,t)
>>> e4.calc_Ke()
>>> e4.Ke
array([[ 57692307.69230769,         0.        , -57692307.69230769,
         17307692.3076923 ,         0.        , -17307692.3076923 ],
```

```
[       0.        , 20192307.69230769, 20192307.69230769,
    -20192307.69230769, -20192307.69230769,        0.        ],
[-57692307.69230769, 20192307.69230769, 77884615.38461538,
    -37499999.99999999, -20192307.69230769, 17307692.3076923 ],
[ 17307692.3076923 , -20192307.69230769, -37499999.99999999,
    77884615.38461538, 20192307.69230769, -57692307.69230769],
[       0.        , -20192307.69230769, -20192307.69230769,
    20192307.69230769, 20192307.69230769,        0.        ],
[-17307692.3076923 ,        0.        , 17307692.3076923 ,
    -57692307.69230769,        0.        , 57692307.69230769]])
```

计算结果一致。

对于 Mindlin 板单元，其单元刚度矩阵表示为：

$$k_e = \int_{V_e} B_f^T D_f B_f \mathrm{d}V + \int_{V_e} B_c^T D_c B_c \mathrm{d}V \tag{5.7}$$

其本构矩阵 D_f 和 D_c 按式（4.32）和式（4.33）定义，微分算子 L_f 和 L_c 按式（4.27）和式（4.28）进行定义，读者可自行推导。

单元矩阵推导虽然带来了便利，但却是以牺牲计算速度为代价的，比如上例中单元 e3 和 e4 的刚度矩阵计算时间对比为：

```
>>> import time
>>> def time_spending():
        s = time.clock()
        e3.calc_ke()
        print time.clock() - s
        s1 = time.clock()
        e4.calc_Ke()
        print time.clock() - s1
>>> time_spending()
0.112325591475
0.000484910217125
```

可以看出，采用推导方式计算单元矩阵的速度要慢很多。

需要注意的是，计算速度由许多因素决定，比如计算机硬件、操作系统类型、Python 版本等，所以读者运行 time_spending( ) 函数计算得到的耗时与笔者计算的结果必然会不同。

由于实现推导过程的源码需要相对更深的 Python 基础，这里不列出。如果读者有兴趣可阅读源码或与笔者交流。

5.2　前处理

Feon 中没有专门的前处理工具，但如果熟悉 Python，可以轻松地编写自己的前处理程序，也可以使用免费的第三方库，比如 Meshpy。

5.2.1　自定义生成器

生成器在 Python 中很常见。比如将列表中的元素开平方，可以简单实现。

```
>>> a = [1,2,3,4]
>>> b = [i ** 2 for i in a]
>>> b
[1, 4, 9, 16]
```

也可以自定义生成器 sq 实现。

```
>>> def sq(L):
        for i in (L):
            yield i ** 2
>>> c = [i for i in sq(a)]
>>> c
[1, 4, 9, 16]
```

定义生成器在有限元前处理中有什么用处？如例 2.1 中对桁架进行建模时用到了 pair_wise 生成器，其功能如下。

```
>>> from feon.tools import pair_wise
>>> a = [1,2,3,4]
>>> for v in pair_wise(a):
        print v
(1, 2)
(2, 3)
(3, 4)
>>> for v in pair_wise(a,True):
        print v
(1, 2)
(2, 3)
(3, 4)
(4, 1)
```

该生成器实现了集合中成对元素的获取。可以对节点集合或者单元集合进行操作。
其定义实现如下。

```
def pair_wise(L,end = False):
    pool = tuple(L)
    n = len(pool)
    assert n >= 2,"Length of iterable must greater than 2"
    if end is True:
        indices = list(range(n))
        for i in indices:
            if i < n -1:
                yield (pool[i],pool[i +1])
            else:
                yield (pool[i],pool[0])

    if end is False:
        indices = list(range(n -1))
        for i in indices:
            yield (pool[i],pool[i +1])
```

例5.1 如图5.1所示的12m长杆，将其等分成12个单元。

图5.1 杆示意图

```
>>> from feon.sa import *
```

导入 pair_wise 生成器，位于 Feon.tools.py 模块。

```
>>> from feon.tools import pair_wise
>>> E = 210e6
>>> A = 0.005
>>> nds = [Node(i,0) for i in xrange(13)]
>>> els = [Link2D11(nd,E,A) for nd in pair_wise(nds)]
```

将 nds 和 els 列表添加到系统对象即可完成前处理。

```
>>> s = System()
>>> s.add_nodes(nds)
>>> s.add_elements(els)
```

访问节点和单元信息。

```
>>> s.get_nodes()
[Node:(0.0, 0.0), Node:(1.0, 0.0), Node:(2.0, 0.0), Node:(3.0, 0.0), Node:(4.0,
0.0), Node:(5.0, 0.0), Node:(6.0, 0.0), Node:(7.0, 0.0), Node:(8.0, 0.0), Node:
(9.0, 0.0), Node:(10.0, 0.0), Node:(11.0, 0.0), Node:(12.0, 0.0)]
>>> s.get_elements()
[Link2D11 Element:(Node:(0.0, 0.0), Node:(1.0, 0.0)), Link2D11 Element:(Node:
(1.0, 0.0), Node:(2.0, 0.0)), Link2D11 Element:(Node:(2.0, 0.0), Node:(3.0,
0.0)), Link2D11 Element:(Node:(3.0, 0.0), Node:(4.0, 0.0)), Link2D11 Element:
(Node:(4.0, 0.0), Node:(5.0, 0.0)), Link2D11 Element:(Node:(5.0, 0.0), Node:
(6.0, 0.0)), Link2D11 Element:(Node:(6.0, 0.0), Node:(7.0, 0.0)), Link2D11 Ele-
ment:(Node:(7.0, 0.0), Node:(8.0, 0.0)), Link2D11 Element:(Node:(8.0, 0.0),
Node:(9.0, 0.0)), Link2D11 Element:(Node:(9.0, 0.0), Node:(10.0, 0.0)), Link2D11
Element:(Node:(10.0, 0.0), Node:(11.0, 0.0)), Link2D11 Element:(Node:(11.0,
0.0), Node:(12.0, 0.0))]
```

将离散后的模型绘制在图 5.2 中。

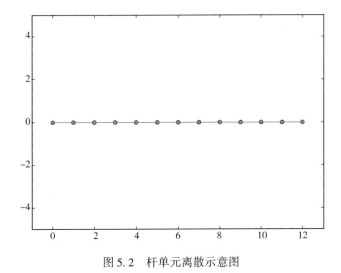

图 5.2　杆单元离散示意图

5.2.2　自定义类

除此之外，还可以自定义网格划分函数或类。笔者在 Feon.mesh.py 模块中定义了简单的网格划分类，目前支持规则三角形、四边形和六面体网格划分。其定义如下。

```
import numpy as np
from tools import pair_wise
```

```
#定义 Mesh 类
class Mesh(object):
def __init__(self):


        #定义属性,分别为网格类型,x,y,z 坐标范围,节点及其数量,单元及其数量
        self.dim = 2
        self.mesh_type = ""
        self.x_lim = None
        self.y_lim = None
        self.z_lim = None
        self.points = None
        self.p_num = 0
        self.elements = None
        self.e_num = 0


    #定义网格划分方法
    def build(self, **params):
        #输入参数为字典,且其 keys 必须是"mesh_type",
                                "x_lim",
                                "y_lim",
                                "z_lim",
                                "size"
        for key in params.keys():
            assert key in ["mesh_type",
                    "x_lim",
                    "y_lim",
                    "z_lim",
                    "size"],"unknow keys"


        self.mesh_type = params['mesh_type']
        self.x_lim = params['x_lim']
        self.y_lim = params['y_lim']


        #如果定义了 z 坐标轴的范围,则表示是三维网格划分
        if "z_lim" in params:
            self.dim = 3
            self.z_lim = params['z_lim']


    #如果网格划分类型为 rect,代表规则四边形网格划分,调用 create_rect()函数
```

```
    if self.mesh_type is 'rect':
        self.points, self.elements = create_rect(
                              self.x_lim,
                              self.y_lim,
                              params['size'])

    #如果网格划分类型为 tri_from_rect
    #代表规则三角形网格划分,调用 create_tri_from_rect()函数
    elif self.mesh_type is 'tri_from_rect':
        self.points, self.elements = create_tri_from_rect(
                              self.x_lim,
                              self.y_lim,
                              params['size'])

    #如果网格划分类型为 cube,代表规则六面体网格划分,调用 create_cube()函数
    elif self.mesh_type is "cube":
        self.points, self.elements = create_cube(
                              self.x_lim,
                              self.y_lim,
                              self.z_lim,
                              params['size'])
    else:
        raise AttributeError, "unknown mesh type"
    self.p_num = self.points.shape[0]
    self.e_num = self.elements.shape[0]

#定义保存为 * .vtk 文件方法,仅对 cube 网格划分有效
def write_vtk(self, filename):
    import pyvtk
    if self.mesh_type is "cube":
        vtkelements = pyvtk.VtkData(
            pyvtk.UnstructuredGrid(
                self.points,
                hexahedron = self.elements),
            "Mesh")
        vtkelements.tofile(filename)

def __repr__(self):
    return show_info(self)


#定义规则四边形网格划分函数
```

```
def create_rect(x_lim, y_lim, size):
    nx = int(size[0])
    ny = int(size[1])
    X = np.linspace(x_lim[0],x_lim[1],nx +1)
    Y = np.linspace(y_lim[0],y_lim[1],ny +1)
    p = np.array([(i,j) for i in X for j in Y])
    e_cell = np.array([((ny +1) * i[0] + j[0],
                       (ny +1) * i[1] + j[0],
                       (ny +1) * i[1] + j[1],
                       (ny +1) * i[0] + j[1])
                    for i in pair_wise(range(nx +1)) for j in pair_wise(range(ny +
1))],dtype =int)
    return p, e_cell
```

#定义规则三角形网格划分函数
```
def create_tri_from_rect(x_lim, y_lim, size):
    nx = int(size[0])
    ny = int(size[1])
    X = np.linspace(x_lim[0],x_lim[1],nx +1)
    Y = np.linspace(y_lim[0],y_lim[1],ny +1)
    p = np.array([(i,j) for i in X for j in Y])
    e_cell = np.array ([((ny +1) * i[0] + j[0],
                       (ny +1) * i[1] + j[0],
                       (ny +1) * i[1] + j[1],
                       (ny +1) * i[0] + j[0],
                       (ny +1) * i[1] + j[1],
                       (ny +1) * i[0] + j[1])
                    for i in pair_wise(range(nx +1))
                    for j in pair_wise(range(ny +1))],dtype =int)
    return p, e_cell.reshape(nx * ny * 2,3)
```

#定义规则六面体网格划分函数
```
def create_cube(x_lim, y_lim,z_lim,size):
    nx = int(size[0])
    ny = int(size[1])
    nz = int(size[2])
    X = np.linspace(x_lim[0],x_lim[1],nx +1)
    Y = np.linspace(y_lim[0],y_lim[1],ny +1)
    Z = np.linspace(z_lim[0],z_lim[1],nz +1)
    p = np.array([(i,j,k) for i in X for j in Y for k in Z])
```

```
    e_cell = np.array([((nz +1) * (ny +1) * i[0] + (nz +1) * j[0] + k[0],
                    (nz +1) * (ny +1) * i[0] + (nz +1) * j[1] + k[0],
                    (nz +1) * (ny +1) * i[0] + (nz +1) * j[1] + k[1],
                    (nz +1) * (ny +1) * i[0] + (nz +1) * j[0] + k[1],
                    (nz +1) * (ny +1) * i[1] + (nz +1) * j[0] + k[0],
                    (nz +1) * (ny +1) * i[1] + (nz +1) * j[1] + k[0],
                    (nz +1) * (ny +1) * i[1] + (nz +1) * j[1] + k[1],
                    (nz +1) * (ny +1) * i[1] + (nz +1) * j[0] + k[1],)
                    for i in pair_wise(range(nx +1))
                    for j in pair_wise(range(ny +1))
                    for k in pair_wise(range(nz +1))], dtype = int)
    return p, e_cell

#定义显示网格信息函数
def show_info(Mesh):
    s ='-----------------------------------'
    s +='\n Mesh description  (type:' + Mesh.mesh_type + ')'
    s +='\n X /Y/Z limits:'
    s += Mesh.x_lim.__str__() +
        '/' + Mesh.y_lim.__str__() +
        '/'+ Mesh.z_lim.__str__()
    s +='\n Number of points  : % d'
    s = s% Mesh.p_num
    s +='\n Number of elements :  % d'
    s = s% Mesh.e_num
    s +='\n -----------------------------------'
    return s
```

应用举例如下。

```
>>> from feon.mesh import Mesh
>>> mesh = Mesh()
>>> mesh.build(mesh_type = "rect",x_lim =[0,2],y_lim =[0,2],size =[2,2])
>>> mesh
-----------------------------------
Mesh description  (type: rect)
X /Y/Z limits: [0, 2]/[0, 2]/None
Number of points  : 9
Number of elements :  4
-----------------------------------
>>> mesh.points
```

```
array([[ 0., 0.],
       [ 0., 1.],
       [ 0., 2.],
       [ 1., 0.],
       [ 1., 1.],
       [ 1., 2.],
       [ 2., 0.],
       [ 2., 1.],
       [ 2., 2.]])
>>> mesh.elements
array([[0, 3, 4, 1],
       [1, 4, 5, 2],
       [3, 6, 7, 4],
       [4, 7, 8, 5]])
```

Mesh 类对象通过调用 bulid(** params) 方法实现网格划分，该方法输入参数有：mesh_type 为网格划分类型，目前支持"rect"、"tri_from_rect"和"cube"，分别代表规则四边形、三角形和六面体网格划分；x_lim、y_lim 和 z_lim 分别为 x、y、z 方向的范围区间，size 为沿 x、y、z 方向网格划分数量。

```
>>> mesh1 = Mesh( )
>>> mesh1.build(mesh_type = "tri_from_rect",x_lim = [0,2],y_lim = [0,2],size = [2,
2])
>>> mesh1
----------------------------------
Mesh description  (type: tri_from_rect)
X/Y/Z limits: [0, 2]/[0, 2]/None
Number of points  : 9
Number of elements  : 8
----------------------------------
>>> mesh1.points
array([[ 0., 0.],
       [ 0., 1.],
       [ 0., 2.],
       [ 1., 0.],
       [ 1., 1.],
       [ 1., 2.],
       [ 2., 0.],
       [ 2., 1.],
       [ 2., 2.]])
>>> mesh1.elements
```

```
array([[0,3,4],
       [0,4,1],
       [1,4,5],
       [1,5,2],
       [3,6,7],
       [3,7,4],
       [4,7,8],
       [4,8,5]])
```

可以看出，网格划分得到了系统节点坐标以及单元在系统节点坐标列表中的索引。获取了节点信息和单元信息后，可以快速创建系统节点和单元。

```
>>> from feon.sa import *
>>> E = 210E6
>>> nu = 0.3
```

创建节点。

```
>>> nds = np.array([Node(p) for p in mesh.points])
>>> nds
array([Node:(0.0,0.0), Node:(0.0,1.0), Node:(0.0,2.0), Node:(1.0,0.0),
       Node:(1.0,1.0), Node:(1.0,2.0), Node:(2.0,0.0), Node:(2.0,1.0),
       Node:(2.0,2.0)], dtype = object)
```

创建单元。

```
>>> els = [Quad2D11S(nds[c],E,nu) for c in mesh.elements]
>>> els
[Quad2D11S Element: array([Node:(0.0,0.0), Node:(1.0,0.0), Node:(1.0,1.0),
Node:(0.0,1.0)], dtype = object), Quad2D11S Element: array([Node:(0.0,1.0),
Node:(1.0,1.0), Node:(1.0,2.0), Node:(0.0,2.0)], dtype = object), Quad2D11S El-
ement: array([Node:(1.0,0.0), Node:(2.0,0.0), Node:(2.0,1.0), Node:(1.0,
1.0)], dtype = object), Quad2D11S Element: array([Node:(1.0,1.0), Node:(2.0,
1.0), Node:(2.0,2.0), Node:(1.0,2.0)], dtype = object)]
```

创建系统。

```
>>> s = System()
```

将节点和单元加入到系统。

```
>>> s.add_nodes(nds)
>>> s.add_elements(els)
```

获取系统节点和单元信息。

```
>>> s.get_nodes()
[Node:(0.0, 0.0), Node:(0.0, 1.0), Node:(0.0, 2.0), Node:(1.0, 0.0), Node:(1.0,
1.0), Node:(1.0, 2.0), Node:(2.0, 0.0), Node:(2.0, 1.0), Node:(2.0, 2.0)]
>>> s.get_elements()
[Quad2D11S Element: array([Node:(0.0, 0.0), Node:(1.0, 0.0), Node:(1.0, 1.0),
Node:(0.0, 1.0)], dtype = object), Quad2D11S Element: array([Node:(0.0, 1.0),
Node:(1.0, 1.0), Node:(1.0, 2.0), Node:(0.0, 2.0)], dtype = object), Quad2D11S El-
ement: array([Node:(1.0, 0.0), Node:(2.0, 0.0), Node:(2.0, 1.0), Node:(1.0,
1.0)], dtype = object), Quad2D11S Element: array([Node:(1.0, 1.0), Node:(2.0,
1.0), Node:(2.0, 2.0), Node:(1.0, 2.0)], dtype = object)]
```

绘制四边形网格如图 5.3 所示。

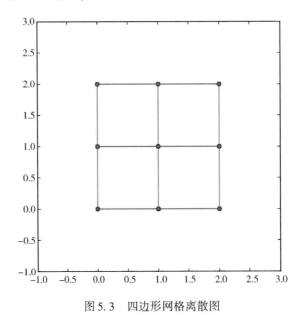

图 5.3　四边形网格离散图

绘制三角网格如图 5.4 所示。

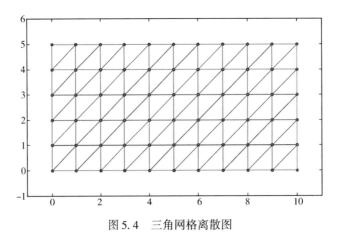

图 5.4　三角网格离散图

六面体网格将其保存为 ∗.vtk 文件在 Paraview 中查看，Paraview 是对二维和三维数据进行分析和可视化的程序。

```
>>> from feon.mesh import Mesh
>>> mesh = Mesh()
>>> mesh.build(mesh_type = "cube",x_lim = [0,10],y_lim = [0,5],z_lim = [0,5],size =
[10,5,5])
>>> mesh.write_vtk("test")
>>> mesh
------------------------------------
Mesh description  (type：cube)
X/Y/Z limits：[0,10]/[0,5]/[0,5]
Number of points  ： 396
Number of elements ： 250
------------------------------------
```

🔊 需要注意的是，以上交互式输入得到的 test.vtk 文件一般保存在 Python 的安装目录中，比如作者个人电脑 Python 的安装路径为 c:\Python27。如果是脚本文件，保存路径与脚本文件同目录。

绘制六面体网格如图 5.5 所示。

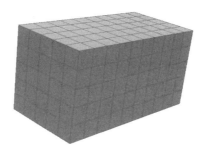

图 5.5　六面体网格离散图

5.2.3　应用第三方库

除了自己编写程序外，读者还可以使用第三方网格划分库，如 Meshpy。该库提供高质量三角形和四面体剖分，可在 https://pypi.python.org/pypi/MeshPy 上进行下载并安装，或者使用作者提供的 ∗.whl 文件。下面简要介绍 Meshpy 的使用。

例5.2　对带圆孔的正方形薄板进行三角剖分。
运行文件 5-2-meshpy_test.py，其内容如下。

```python
import meshpy.triangle
import numpy as np
import matplotlib.pyplot as plt
from matplotlib.patches import Polygon
from matplotlib.collections import PatchCollection


#定义网格划分函数
def create_mesh(max_area =1.0):

    #定义薄板外接圆半径
    cc_radius =4.0
    lx = np.sqrt(2.0) * cc_radius
    l =[lx, lx]

    #定义圆孔半径
    h_radius =1.

    #定义边界点
    boundary_points =[
            [0.5 * l[0],  0.0],
            [0.5 * l[0],  0.5 * l[1]],
            [-0.5 * l[0],  0.5 * l[1]],
            [-0.5 * l[0], -0.5 * l[1]],
            [0.5 * l[0], -0.5 * l[1]],
            [0.5 * l[0],  0.0]]


    #定义划分数量
    segments =100
    for k in range(segments +1):
        angle =k * 2.0 * np.pi /segments
        boundary_points.append(
                (h_radius * np.cos(angle), h_radius * np.sin(angle))
                )


    #定义孔中心
    holes =[(0,0)]

    #创建三角网格信息
    info =meshpy.triangle.MeshInfo()
```

```
#设置网格边界点和孔中心信息
info.set_points(boundary_points)
info.set_holes(holes)

#定义网格连接方式函数
def _round_trip_connect(start, end):
    result =[]
    for i in range(start, end):
        result.append((i, i +1))
    result.append((end, start))
    return result

info.set_facets(_round_trip_connect(0, len(boundary_points) -1))
#定义网格细分函数
def _needs_refinement(vertices, area):
    return bool(area >max_area)

#创建三角网格
meshpy_mesh =
meshpy.triangle.build(info,refinement_func =_needs_refinement)
pts =np.array(meshpy_mesh.points)
points =np.c_[pts[:, 0], pts[:, 1], np.zeros(len(pts))]

#返回节点坐标和单元 cells
return points, np.array(meshpy_mesh.elements)

if __name__ =='__main__':
    points, cells =create_mesh()
    fig =plt.figure()
    ax =fig.add_subplot(111,aspect ="equal")
    x,y =points[:,0],points[:,1]
    patches =[]
    for c in cells:
        polygon =Polygon(zip(x[c],y[c]),True)
        patches.append(polygon)
    pc =PatchCollection(patches, color ="k", edgecolor ="w")
    ax.add_collection(pc)
    ax.set_xlim( -5,5)
    ax.set_ylim( -5,5)
    plt.show()
```

采用 Matplotlib 绘制出的网格划分如图 5.6 所示。

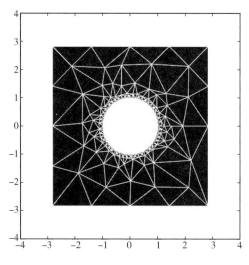

图 5.6　带孔板的三角形剖分

Meshpy 三角形剖分的其他例子如图 5.7 所示。

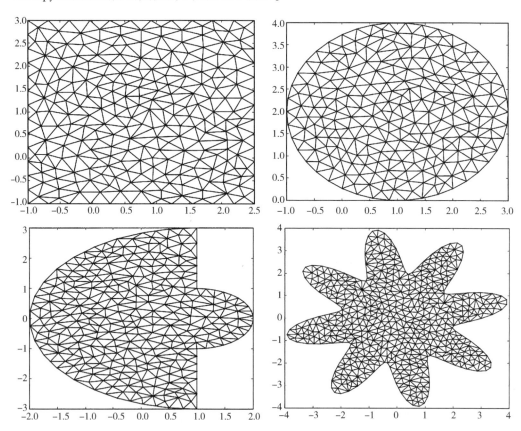

图 5.7　Meshpy 进行三角形剖分

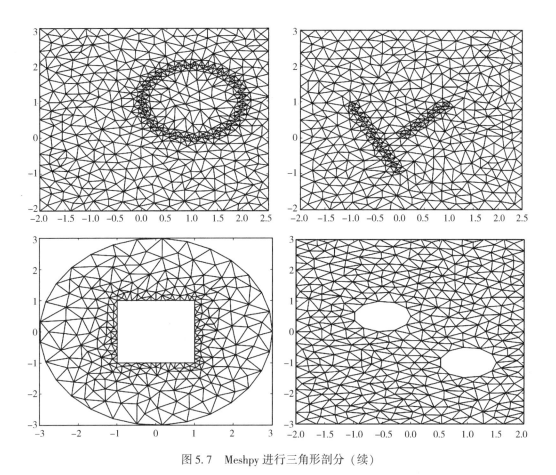

图 5.7　Meshpy 进行三角形剖分（续）

例 5.3　对三维 "甜甜圈" 进行四面体剖分。

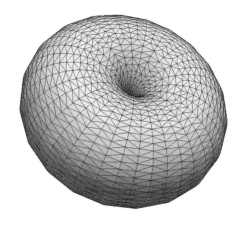

图 5.8　三维 "甜甜圈"

如图 5.8 所示为 Paraview 中绘制的 "甜甜圈"。需要注意的是，将节点和单元数据保存为 *.vtk 文件，读者需安装 Pyvtk 库。运行文件 5-2-meshpy_test2.py，其内容如下。

```python
from __future__ import absolute_import
from six.moves import range
from math import pi, cos, sin
from meshpy.tet import MeshInfo, build
from meshpy.geometry import generate_surface_of_revolution,\
        EXT_CLOSED_IN_RZ, GeometryBuilder
if __name__ == "__main__":

    #外圆半径
    big_r = 3

    #内圆半径
    little_r = 2.9

    points = 50
    dphi = 2 * pi /points
    rz = [(big_r + little_r * cos(i * dphi), little_r * sin(i * dphi))
          for i in range(points)]
    geob = GeometryBuilder()
    geob.add_geometry( * generate_surface_of_revolution(rz,
            closure = EXT_CLOSED_IN_RZ, radial_subdiv = 20))

    mesh_info = MeshInfo()
    geob.set(mesh_info)
    mesh = build(mesh_info)
    mesh.write_vtk("test.vtk")
```

将保存的 test. vtk 文件直接在 Paraview 中查看得到如图 5.8 所示的"甜甜圈"。
Meshpy 四面体剖分的其他例子如图 5.9 所示。

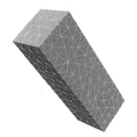  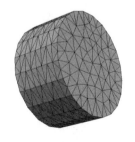 

图 5.9 Meshpy 进行四面体剖分

更多关于 Meshpy 的使用详情请参考相关文档、阅读源码或与笔者交流。

5.3 后处理

5.3.1 绘制模型示意图

Feon 的可视化目前依赖于 Matplotlib。Matplotlib 库的优势在于绘制高质量的二维图形，三维图形的绘制可以使用 Mayavi 库或者 Paraview。有限元的后处理包括模型图绘制和计算结果的可视化。读者可以将绘图操作写成函数的形式来减少重复工作。笔者在 Feon.sa.draw2d.py 模块中定义了部分基于 Matplotlib 的二维模型图绘制函数。而计算结果的可视化部分，读者可参照 Matplotlib 手册，或者访问官方网站 http://matplotlib.org/，上面有大量的绘图实例，读者总能根据需要找到解决方案。此外，也可以参考本书中的绘图程序。现介绍部分二维模型图绘制函数。

例 5.4 绘制箭头。

箭头在结构计算模型中出现频繁。可以调用 draw_left_arrow(ax,node,inc,**kwargs)、draw_right_arrow(ax,node,inc,**kwargs)、draw_up_arrow(ax,node,inc,**kwargs)和 draw_down_arrow(ax,node,inc,**kwargs)四个函数绘制四个方向的箭头。箭头绘制函数输入 3 个必选参数，ax 为 Matplotlib 中的坐标轴对象，node 为 Feon 中的节点对象，inc 为箭头线的长度，而可选参数 kwargs 为 Matplotlib 中的 arrow 对象所对应的属性，比如 head_length 表示箭头的长度，head_width 表示箭头的宽度，color 表示箭头的颜色等，具体请参考手册。

运行文件 5-3-arrow-test.py，其内容如下。

```python
from feon.sa.draw2d import *
from feon.sa import *
import matplotlib.pyplot as plt
if __name__ == "__main__":

    #创建一个节点
    n0 = Node(1,1)

    #创建一个绘图
    fig = plt.figure()

    #创建一个坐标轴
    ax = fig.add_subplot(111)
```

```
#设置坐标轴范围
ax.set_xlim([0,2])
ax.set_ylim([0,2])

#绘制节点
ax.plot(n0.x,n0.y,"ks")

#绘制向左的箭头
draw_right_arrow(ax,n0,0.5,color = "r",head_length = 0.03,head_width = 0.03)

#绘制向右的箭头
draw_left_arrow(ax,n0,0.5,color = "r",head_length = 0.03,head_width = 0.03)

#绘制向上的箭头
draw_up_arrow(ax,n0,0.5,color = "r",head_length = 0.03,head_width = 0.03)

#绘制向下的箭头
draw_down_arrow(ax,n0,0.5,color = "r",head_length = 0.03,head_width = 0.03)

#显示绘图
plt.show()
```

绘制结果如图 5.10 所示。

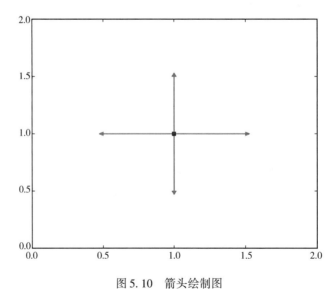

图 5.10　箭头绘制图

例 5.5　绘制单元。

调用 draw_element(ax,el,** kwargs) 函数可以绘制二维单元模型图，该函数输入 2 个必选参数，ax 为坐标轴对象，el 为 Feon 中的单元对象。可选参数 kwargs 为 Matplotlib 中 Line2D 对象的所有属性。如 color 表示颜色，linewidth 表示线宽，marker 表示标记类型等，具体请参考 Matplotlib 手册。举例如下，运行文件 5-3-element_test.py，其内容如下，则可绘制图 5.4 中的网格。

```python
from feon.sa import *
from feon.sa.draw2d import *
from feon.mesh import Mesh
import matplotlib.pyplot as plt
import numpy as np
if __name__ == "__main__":
    fig = plt.figure()
    ax = fig.add_subplot(111,aspect = "equal")
    ax.set_xlim([-1,11])
    ax.set_ylim([-1,6])

    E = 210e6
    nu = 0.3
    t = 0.025

    mesh = Mesh()
    mesh.build(mesh_type = "tri_from.rect",x_lim = [0,10],y_lim = [0,5],size = (10,5))
    nds = np.array([Node(p) for p in mesh.points])
    els = [Tri2D11S(nds[c],E,nu,t) for c in mesh.elements]

    s = System()
    s.add_nodes(nds)
    s.add_elements(els)
    for el in s.get_elements():
        draw_element(ax,el,marker = "o",ms = 4,color = "g")

    plt.show()
```

例 5.6　绘制编号信息。

　　有限元模型图绘制中，常常需要查看节点和单元的编号信息。调用 draw_node_ID（ax，node，dx，dy，＊＊kwargs）函数和 draw_element_ID（ax，el，dx，dy，＊＊kwargs）函数可以给模型图中的节点和单元进行编号。

　　运行文件 5-3-id_test.py，其内容如下。

```python
from feon.sa import *
from feon.sa.draw2d import *
import matplotlib.pyplot as plt
from feon.mesh import Mesh
import numpy as np
if __name__ == "__main__":
    fig = plt.figure()
    ax = fig.add_subplot(111,aspect = "equal")
    ax.set_xlim([-1,11])
    ax.set_ylim([-1,6])

    E = 210e6
    nu = 0.3
    t = 0.025

    mesh = Mesh()
    mesh.build(mesh_type = "rect",x_lim = [0,10],y_lim = [0,5],size = (10,5))
    nds = np.array([Node(p) for p in mesh.points])
    els = [Quad2D11S(nds[c],E,nu,t) for c in mesh.elements]

    s = System()
    s.add_nodes(nds)
    s.add_elements(els)
    for el in s.get_elements():
        draw_element(ax,el,marker = "o",color = "g")
        draw_element_ID(ax,el,0,0,fontsize = 12,color = "r")#偏移量为 0

    for nd in s.get_nodes():
        draw_node_ID(ax,nd,0.05,0.05,fontsize = 12,color = "g")#偏移量为 0.05

    plt.show()
```

绘制结果如图 5.11 所示。

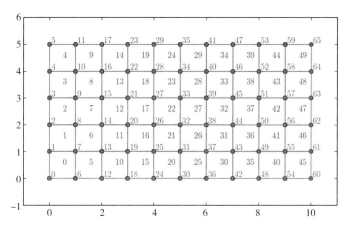

图 5.11　节点和单元编号图

函数中的 dx，dy 参数表示沿 x，y 轴的偏移量，节点的偏移原点为该节点的坐标；单元的偏移原点为单元的中心坐标。可选参数 kwargs 代表的是 Matplotlib 中 Text 对象的所有可选属性，如 color 代表字体颜色，fontsize 代表字体大小等。

例 5.7　绘制支座。

调用 draw_fixed_sup（ax，node，factor，∗∗ kwargs）、draw_hinged_sup（ax，node，factor，∗∗ kwargs）和 draw_rolled_sup（ax，node，factor，∗∗ kwargs）函数分别绘制固定支座、铰支座和滚动支座。运行文件 5-3-supports_test.py，其内容如下。

```
from feon.sa import *
from feon.sa.draw2d import *
import matplotlib.pyplot as plt
if __name__ == "__main__":
    fig = plt.figure()
    ax1 = fig.add_subplot(211,aspect = "equal")
    ax1.set_xlim([-1,7])
    ax1.set_ylim([-2,2])
    ax2 = fig.add_subplot(212,aspect = "equal")
    ax2.set_xlim([-1,7])
    ax2.set_ylim([-2,2])

    E = 210e6
    A = 0.005
    I = 10e-6
```

```
n0 = Node(0,0)
n1 = Node(3,0)
n2 = Node(6,0)
e0 = Beam1D11((n0,n1),E,A,I)
e1 = Beam1D11((n1,n2),E,A,I)

s = System()
s.add_nodes(n0,n1,n2)
s.add_elements(e0,e1)

for el in s.get_elements():
    draw_element(ax1,el,marker = "s",markersize = 3,color = "k")
    draw_element_ID(ax1,el,0,0.1,fontsize = 10,color = "r")
    draw_element(ax2,el,marker = "s",markersize = 3,color = "k")
    draw_element_ID(ax2,el,0,0.1,fontsize = 10,color = "r")

for nd in s.get_nodes():
    draw_node_ID(ax1,nd,0.1,0.1,fontsize = 10,color = "g")
    draw_node_ID(ax2,nd,0.1,0.1,fontsize = 10,color = "g")

#在坐标轴 ax1 中绘制固定支座
draw_fixed_sup(ax1,n0,factor = (2,2),color = "k")

#在坐标轴 ax1 中绘制滚动支座
draw_rolled_sup(ax1,n2,factor = 2,color = "k")

#在坐标轴 ax2 中绘制固定铰支座
draw_hinged_sup(ax2,n0,factor = 1.5,color = "k")

#在坐标轴 ax2 中绘制滚动支座
draw_rolled_sup(ax2,n2,factor = 2,color = "k")

plt.show()
```

绘制结果如图 5.12 所示。

绘制支座函数中的 factor 参数用于调整支座的大小；固定支座用矩形绘制，参数为二维元组 tuple、列表 list 或 Numpy.ndarray 类型；铰支座用三角形绘制；滚动支座用圆形绘制。

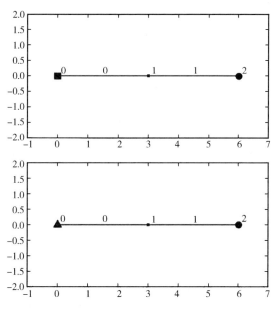

图 5.12 支座绘制图

例 5.8 绘制变形示意图。

调用 draw_element_disp(ax, el, factor, ** kwargs) 函数绘制单元变形示意图。factor 参数用于调整单元变形示意图的大小。将例 3.13 划分为 5 行 10 列的网格，计算完成后绘制变形示意图。运行文件 5-3-disp_test.py，其内容如下。

```python
from feon.sa import *
from feon.sa.draw2d import *
from feon.mesh import Mesh
import numpy as np

if __name__ == "__main__":
    fig = plt.figure()
    ax = fig.add_subplot(111, aspect = "equal")
    ax.set_xlim([ -0.1,0.6])
    ax.set_ylim([ -0.1,0.35])

    E = 210e6
    nu = 0.3
    t = 0.025

    mesh = Mesh()
```

```
mesh.build(mesh_type = "rect",x_lim = [0,0.5],y_lim = [0,0.25],size = (10,5))
nds = np.array([Node(p) for p in mesh.points])
els = [Quad2D11S(nds[c],E,nu,t) for c in mesh.elements]


s = System()
s.add_nodes(nds)
s.add_elements(els)
s.add_fixed_sup(range(6))
for nd in nds[60:]:
    s.add_node_force(nd.ID,Fx = 3.125)


s.solve()


#绘制模型图和变形示意图
for el in s.get_elements():
    draw_element(ax,el,marker = "o",ms = 4,color = "g")
    draw_element_disp(ax,el,factor = 5,color = "r")
plt.show()
```

绘制结果如图 5.13 所示，通过调整参数 factor 可以调整变形的大小。

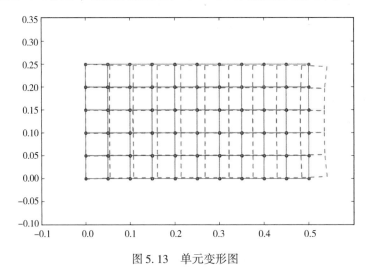

图 5.13　单元变形图

5.3.2　获取节点和单元信息

笔者在 Feon.sa.post_process 模块中定义了简单的 PostProcess 类。当系统计算完成后，如果调用系统的 results() 方法，则会给系统添加一个属性，为 PostProcess 对象。接着例 5.8，运行完文件 5-3-disp_test.py 后，在 IDLE 中交互输入。

```
>>> s.results()
=========================
        Results
=========================
Type: 2D System
Number of nodes: 66
Number of elements: 50

Max element sx ID: 49
Max element sx: 3849.90569792

Max element sy ID: 2
Max element sy: 631.663660381

Max element sz ID: nonexist
Max element sz: nonexist

Max element sxy ID: 45
Max element sxy: -427.953174182

Max element syz ID: nonexist
Max element syz: nonexist

Max element szx ID: nonexist
Max element szx: nonexist

Max element N ID: nonexist
Max element N: nonexist

Max element Ty ID:nonexist
Max element Ty:nonexist

Max element Tz ID: nonexist
Max element Tz: nonexist

Max element Mx ID: nonexist
Max element Mx: nonexist

Max element My ID: nonexist
Max element My:nonexist
```

```
Max element Mz ID: nonexist
Max element Mz: nonexist

Max node Ux ID: 60
Max node Ux: 8.03545612052e-06

Max node Uy ID: 60
Max node Uy: 1.06514387117e-06

Max node Uz ID: nonexist
Max node Uz: nonexist

Max node Phx ID: nonexist
Max node Phx: nonexist

Max node Phy ID: nonexist
Max node Phy: nonexist

Max node Phz ID: 0
Max node Phz: 0.0

Max node disp ID: 60
Max node disp: 8.1057440455e-06
```

则会打印如上所示的最大节点和单元信息报告，同时给系统对象添加了一个 postp 属性，为 Feon.sa.post_process.PostProcess 对象。

```
>>> s.postp
< feon.sa.post_process.PostProcess object at 0x04914370 >
```

通过访问该对象的 get_nodes_disp(key) 和 get_elements_stress(key) 方法可批量获取节点位移和单元信息。

```
>>> s.postp.get_nodes_disp("Ux")
array([ 0.00000000e+00,  0.00000000e+00,  0.00000000e+00,
        0.00000000e+00,  0.00000000e+00,  0.00000000e+00,
        7.73401325e-07,  6.53787326e-07,  6.42550227e-07,
        6.42550227e-07,  6.53787326e-07,  7.73401325e-07,
        1.44541431e-06,  1.37604686e-06,  1.34202892e-06,
        1.34202892e-06,  1.37604686e-06,  1.44541431e-06,
```

```
      2.11979984e-06,  2.09200031e-06,  2.06911187e-06,
      2.06911187e-06,  2.09200031e-06,  2.11979984e-06,
      2.81060851e-06,  2.80595959e-06,  2.79629241e-06,
      2.79629241e-06,  2.80595959e-06,  2.81060851e-06,
      3.51340646e-06,  3.52028921e-06,  3.51588548e-06,
      3.51588548e-06,  3.52028921e-06,  3.51340646e-06,
      4.22860046e-06,  4.23605901e-06,  4.22253204e-06,
      4.22253204e-06,  4.23605901e-06,  4.22860046e-06,
      4.97131521e-06,  4.95433350e-06,  4.90386000e-06,
      4.90386000e-06,  4.95433350e-06,  4.97131521e-06,
      5.78317918e-06,  5.67400656e-06,  5.53902153e-06,
      5.53902153e-06,  5.67400656e-06,  5.78317918e-06,
      6.75546606e-06,  6.36150479e-06,  6.12907545e-06,
      6.12907545e-06,  6.36150479e-06,  6.75546606e-06,
      8.03545612e-06,  6.94609969e-06,  6.76243277e-06,
      6.76243277e-06,  6.94609969e-06,  8.03545612e-06])
>>> s.postp.get_elements_stress("sx").reshape(-1,)
array([ 3152.73980494,  2903.15517008,  2888.21004995,  2903.15517008,
        3152.73980494,  2936.96681938,  3052.92518008,  3020.21600109,
        3052.92518008,  2936.96681938,  2922.83311142,  3040.46183729,
        3073.41010258,  3040.46183729,  2922.83311142,  2948.86549254,
        3024.86356199,  3052.54189094,  3024.86356199,  2948.86549254,
        2975.99445514,  3011.99746864,  3024.01615243,  3011.99746864,
        2975.99445514,  3008.14192653,  2999.20928517,  2985.2975766 ,
        2999.20928517,  3008.14192653,  3076.66541159,  2970.63990127,
        2905.38937428,  2970.63990127,  3076.66541159,  3233.09880636,
        2898.33112358,  2737.14014013,  2898.33112358,  3233.09880636,
        3520.17846429,  2732.20698814,  2495.22909515,  2732.20698814,
        3520.17846429,  3849.90569792,  2401.34704219,  2497.49451978,
        2401.34704219,  3849.90569792])
```

PostProcess 类的定义请读者自行阅读源码。

5.4　提速

有效地提高计算速度是每一个数值计算工作者的梦想，本书介绍两种计算提速的方法。第一种是采用 Python/C 混合编程；第二种是采用 Scipy. sparse 求解线性方程组。

5.4.1　Python/C 混合编程

将 Python 运行速度慢的程序部分用 C/C++ 实现，然后嵌入 Python，这样可以得到提速。

Python／C API 就能完成这个工作，作者混编了一个简单模块 cfeon. c，其中只有一个 Node 对象，代码在 VC++2008 上实现，具体如下。

```
//包含 Python 的头文件
#include "Python.h"
#include <structmember.h>

//定义结构体 feon_Node
typedef struct feon_node{
    PyObject_HEAD //这行必须有
    double x;//x 坐标
    double y;//y 坐标
    double Fx;//节点力
    double Fy;
    double Mz;
    double Ux; //节点位移
    double Uy;
    double Phz;
    Py_ssize_t ID;//节点编号
}feon_Node;

staticforward PyTypeObject  Node_Type;

//定义节点对象的__new__()方法
static PyObject * Node_new(PyTypeObject * type,PyObject * args,PyObject *
kwds){
    feon_Node * self;
    self =(feon_Node * )type ->tp_alloc(type,0);
    if (self! =NULL){
    self ->x =0;
    self ->y =0;
    self ->Fx =0;
    self ->Fy =0;
    self ->Mz =0;
    self ->Ux =0;
    self ->Uy =0;
    self ->Phz =0;
    }
    return (PyObject * )self;
}
```

```
//定义节点对象的__init__()方法
static int Node_init(feon_Node * self,PyObject * args, PyObject * kwds){
    if (! PyArg_ParseTuple(args,"dd",&self ->x,&self ->y)){return -1;}
    return 0;
}


//定义节点对象的__repr__()方法
static PyObject * Node_repr(feon_Node * self){
    PyObject * args;
    args = Py_BuildValue("s(dd)","Node",self ->x,self ->y);
    return PyObject_Repr(args);
}


//定义获取 x 坐标的方法
static PyObject * Node_get_x(feon_Node * self){
    return PyFloat_FromDouble(self ->x);
}


//定义获取 y 坐标的方法
static PyObject * Node_get_y(feon_Node * self){
    return PyFloat_FromDouble(self ->y);
}


//定义节点位移属性
static PyObject * Node_getdisp(feon_Node * self,void * closure){
    return Py_BuildValue("{s:d,s:d,s:d}",
                          "Ux",self ->Ux,
                          "Uy",self ->Uy,
                          "Phz",self ->Phz);
}


//定义节点力属性
static PyObject * Node_getforce(feon_Node * self,void * closure){
    return Py_BuildValue("{s:d,s:d,s:d}",
                          "Fx",self ->Fx,
                          "Fy",self ->Fy,
                          "Mz",self ->Mz);
}


//定义对象的 setget 属性
```

```
static PyGetSetDef Node_getseters[] = {
    {"disp",
     (getter)Node_getdisp, 0,
     "Disp",
     NULL},
    {"force",
     (getter)Node_getforce, 0,
     "Force",
     NULL},
    {NULL} /* Sentinel */
}
```

//定义对象的方法数组
```
PyMethodDef Node_methods[] = {
    {"get_x", (PyCFunction)Node_get_x, METH_NOARGS, },
    {"get_y", (PyCFunction)Node_get_y, METH_NOARGS, },
    {NULL} /* Sentinel */
}
```

//定义对象的属性数组
```
PyMemberDef Node_members[] = {
    {"x",T_DOUBLE,offsetof(feon_Node,x),0,"node x]"},
    {"y",T_DOUBLE,offsetof(feon_Node,y),0,"node y]"},
    {"Fx",T_DOUBLE,offsetof(feon_Node,Fx),0,"node Fx]"},
    {"Fy",T_DOUBLE,offsetof(feon_Node,Fy),0,"node Fx]"},
    {"Mz",T_DOUBLE,offsetof(feon_Node,Mz),0,"node Fx]"},
    {"Ux",T_DOUBLE,offsetof(feon_Node,Ux),0,"node Fx]"},
    {"Uy",T_DOUBLE,offsetof(feon_Node,Uy),0,"node Fx]"},
    {"Phz",T_DOUBLE,offsetof(feon_Node,Phz),0,"node Fx]"},
    {"ID",T_PYSSIZET,offsetof(feon_Node,Phz),0,"node ID]"},
    {NULL}   /* Sentinel */
}
```

//定义节点对象
```
PyTypeObject Node_Type = {
    PyObject_HEAD_INIT(NULL)
    0,                      /*ob_size*/
    "feon.Node",            /*tp_name*/
    sizeof(feon_Node),      /*tp_basicsize*/
    0,                      /*tp_itemsize*/
```

```
    0, /* tp_dealloc */
    0,                      /* tp_print */
    0,                      /* tp_getattr */
    0,                      /* tp_setattr */
    0,                      /* tp_compare */
    (reprfunc)Node_repr,    /* tp_repr */
    0,                      /* tp_as_number */
    0,                      /* tp_as_sequence */
    0,                      /* tp_as_mapping */
    0,                      /* tp_hash */
    0,                      /* tp_call */
    0,                      /* tp_str */
    0,                      /* tp_getattro */
    0,                      /* tp_setattro */
    0,                      /* tp_as_buffer */
    Py_TPFLAGS_DEFAULT | Py_TPFLAGS_BASETYPE,   /* tp_flags */
    "Node",                 /* tp_doc */
    0,/* tp_traverse */
    0,                      /* tp_clear */
    0,                      /* tp_richcompare */
    0,                      /* tp_weaklistoffset */
    0,                      /* tp_iter */
    0,                      /* tp_iternext */
    Node_methods,           /* tp_methods */
    Node_members,           /* tp_members */
    Node_getseters,         /* tp_getset */
    0,                      /* tp_base */
    0,                      /* tp_dict */
    0,                      /* tp_descr_get */
    0,                      /* tp_descr_set */
    0,                      /* tp_dictoffset */
    (initproc)Node_init,    /* tp_init */
    0,                      /* tp_alloc */
    Node_new,               /* tp_new */
};

//定义模块的方法数组
//该模块只有一个 Node 对象,没有方法
static PyMethodDef feon_methods[] = {
    {NULL}/* Sentinel */
};
```

```
//初始化模块方法
PyMODINIT_FUNC initfeon(void)
{
    PyObject * m;
    if ( PyType_Ready( &Node_Type ) < 0)
        return;

    //初始化模块
    m = Py_InitModule3 ( "feon" , feon_methods, "Nodeinfeon." );

    //增加引用
    Py_INCREF( &Node_Type );

    //将 Node 对象加入模块
    PyModule_AddObject(m, "Node", ( PyObject * )&Node_Type);
}
```

以上代码完成后，同目录下创建一个名为 setup.py 的 Python 文件，并在其中写入如下内容。

```python
from setuptools import setup, Extension
cfeon = Extension('cfeon', sources = [ "cfeon.c" ])
setup( ext_modules = [ cfeon])
```

在 Windows 系统下打开控制台，并找到文件 cfeon.c 和 setup.py 所在的目录，在控制台输入 setup.py install 完成编译，cfeon 模块就可以在 Python 中调用。

```
>>> from cfeon import Node
>>> n0 = Node(1,2)
>>> n0.disp
{'Phz': 0.0, 'Uy': 0.0, 'Ux': 0.0}
>>> n0.force
{'Fx': 0.0, 'Fy': 0.0, 'Mz': 0.0}
>>> n0.ID
0
>>> n0.Fx
0.0
>>> n0.Fy = 100
```

```
>>> n0.force
{'Fx': 0.0, 'Fy': 100.0, 'Mz': 0.0}
>>> n0.get_x()
1.0
>>> n0.get_y()
2.0
```

📣 需要注意的是，读者需安装 VC++2008 或其他同类产品方能完成编译。且有限元中存在大量矩阵运算，读者可以同时参考 Python/C API 以及 Numpy/C API。

除此以外，使用 Cython 进行提速也是不错的选择。

5.4.2 Scipy. sparse 的应用

有限元计算中组装后的刚度或质量矩阵通常为稀疏矩阵，Numpy 的矩阵运算速度已经有了很大的提升。如果读者对速度有更高的要求，则可以采用 Scipy. sparse 进行提速。

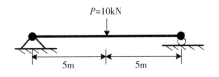

图 5.14 简支梁示意图

例 5.9 计算如图 5.14 所示简支梁的挠度。将梁划分为 100 个单元，每个单元长度为 0.1m，则节点数为 101，单元数为 100。对比 Numpy 和 Scipy.sparse 的计算速度。

运行文件 5-4-speed_test.py，其内容如下。

```
from feon.sa import *
from feon.tools import pair_wise

#导入稀疏矩阵运算模块
import scipy.sparse as sp
import scipy.sparse.linalg as sl

#导入计时器
import time
import matplotlib.pyplot as plt
if __name__ == "__main__":
    E = 70e6
    I = 40e-6
```

```
A = 0.005

#创建 101 个节点
nds = [Node(i * 0.1,0) for i in xrange(101)]
el_nds = [nd for nd in pair_wise(nds)]

#创建 100 个单元
els = [Beam1D11(nd,E,A,I) for nd in el_nds]

s = System()
s.add_nodes(nds)
s.add_elements(els)
s.add_fixed_sup(0)
s.add_rolled_sup(nds[-1].ID,"y")
s.add_node_force(49,Fy = -10)

#处理总体刚度矩阵
s.calc_deleted_KG_matrix()
KG,Force = s.KG_keeped,s.Force_keeped
t1 = []
t2 = []

#采用 Numpy 计算 10 次
for i in xrange(10):
    start1 = time.clock()
    a = np.linalg.solve(KG,Force)
    end1 = time.clock()
    t1.append(end1 - start1)

#将处理过的刚度矩阵转换为稀疏矩阵
KG = sp.csc_matrix(s.KG_keeped)

#采用 Scipy.sparse 计算 10 次
for i in xrange(10):
    start2 = time.clock()
    b = sl.spsolve(KG,Force)
    end2 = time.clock()
    t2.append(end2 - start2)

#绘图
```

```
fig = plt.figure()
ax = fig.add_subplot(111)
x = range(10)
ax.plot(x,t1,"r + - ",label = " $ numpy $ ")
ax.plot(x,t2,"k * - ",label = " $ scipy.sparse $ ")
ax.set_xlabel(" $ No. $ ",fontsize =15)
ax.set_ylabel(" $ time/s $ ",fontsize =15)
plt.legend()
plt.show()
```

计算 10 次耗时对比见图 5.15 所示。可以看出，计算该问题 Scipy. sparse 的计算速度为 Numpy 的 2 ~ 3 倍左右。

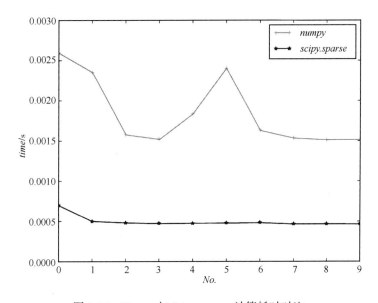

图 5.15　Numpy 与 Scipy. sparse 计算耗时对比

更多 Scipy. sparse 相关的操作请参考手册或与笔者交流。

参 考 文 献

［1］王勖成编著. 有限单元法. 北京：清华大学出版社，2009

［2］［美］Mark Lutz 著. Python 学习手册. 侯靖等译. 北京：机械工业出版社，2009

［3］Peter I. Kattan. MATLAB Guide to Finite Elements. Springer, 2008

［4］NumPy community. NumPy Refence Release 1. 9. 1. 2014

［5］John Hunter, Darren Dale, Eric Firing, Michael Droettboom et al. Matplotlib Release 1. 5. 1. 2016

［6］SciPy community. SciPy Reference Guide Release 0. 16. 0. 2015

［7］https：//documen.tician.de/meshpy/